GUIDE PRATICHE

ANIMALI

LA CAPRA

AF853933

SOMMARIO

INTRAPRENDERE UNA NUOVA AVVENTURA

L'allevamento della capra per la produzione di latte è un'attività diffusa in tutta la Penisola, in particolare nelle aree insulari e in quelle nordoccidentali. Ed è proprio in queste aree che sono sorti allevamenti familiari o agrituristici che producono formaggi caprini molto apprezzati dal consumatore.
Questa Guida pratica nasce appunto dalla volontà di fornire indicazioni utili e pratiche per queste piccole realtà e per quelle che nasceranno. Lo facciamo **percorrendo tutta la filiera**: dalla scelta della razza in linea con i propri bisogni all'organizzazione degli spazi nella stalla, alla gestione del gregge durante l'anno. Diversi i consigli e i suggerimenti per come gestire al meglio i **momenti cruciali dell'allevamento**: l'accoppiamento, i parti, lo svezzamento dei capretti, la mungitura e la messa in asciutta degli animali.
Non mancano poi indicazioni su come **trasformare il latte** in ottimi formaggi, sulle operazioni da compiere seguendo il ritmo delle stagioni, su come riconoscere i sintomi delle principali patologie e su cosa fare in attesa dell'arrivo del veterinario.
La Guida è stata pensata per un allevamento di **circa 20 capi in lattazione**, inserito in una realtà collinare, che nell'ambito di una diversificazione aziendale – sempre più attuale nelle realtà agricole moderne – saprà dare un'**interessante integrazione al reddito** a chi vorrà intraprendere questa nuova avventura.
Considerata la praticità degli argomenti trattati, la Guida potrà risultare utile anche per hobbisti con pochi capi o per gli allevatori che, con le dovute proporzioni per quanto concerne le dimensioni, vorranno intraprendere l'allevamento in azienda come attività principale.

Buona lettura a tutti!

CARATTERISTICHE, RAZZE, ACQUISTO

L'allevamento della capra richiede una serie di valutazioni di fattibilità in base alle risorse da investire, al pascolo disponibile e all'obiettivo che ci si prefigge: semplice hobby o anche ottenimento di un piccolo reddito. È poi indispensabile conoscere le principali caratteristiche di questi animali, sapersi orientare tra le razze disponibili in Italia e procedere correttamente all'acquisto.

L'allevamento della capra domestica (*Capra hircus*), assieme a quello della pecora, è con tutta probabilità la più antica attività zootecnica condotta dall'uomo.
Nel corso dei secoli la capra ha saputo adattarsi a molte tipologie di territorio, tanto che oggi troviamo insediamenti caprini nelle aree montane di tutto il mondo: sugli altipiani asiatici, nelle zone predesertiche dell'Africa, nelle pianure fertili di Europa e Stati Uniti. Questa diffusione è certamente dovuta al fatto che in natura la capra non compete per il cibo con altri ruminanti e sa sfruttare terreni marginali o molto poveri, riuscendo ad alimentarsi anche in ambienti dove varie specie animali non sarebbero in grado di sopravvivere.

Che si decida di intraprendere l'attività di allevamento per semplice hobby oppure per ottenere un piccolo reddito, è fondamentale scegliere la razza più adatta ai propri scopi.

La capra è **molto socievole**, sia con l'uomo che con gli altri animali domestici, tanto che è possibile allevarla in promiscuità con altre specie con le quali instaura un rapporto non conflittuale. Nel gregge le capre stabiliscono velocemente delle gerarchie che spesso si ridefiniscono durante l'anno. Può capitare quindi di assistere a vivaci combattimenti che, se effettuati tra soggetti dotati di corna e in ambienti ristretti, possono risultare pericolosi soprattutto quando avvengono in autunno, periodo nel quale è in corso la gestazione. Un buon sistema per evitare questo tipo di situazioni è quello di **lasciare il maschio nel gregge il più a lungo possibile**, in modo che la presenza di un indiscusso dominante prevenga i motivi di combattimento.

LA SCELTA DELLA RAZZA

Prima di effettuare un piccolo viaggio tra le razze autoctone più conosciute, vediamo i molteplici fattori da analizzare per cercare di scegliere l'animale che maggiormente si addice alla realtà aziendale in cui andrà inserito (*vedi* anche il riquadro a pag. 10).
Innanzitutto va considerato il **contesto** in cui si trova l'azienda:
- in aree collinari o montane, caratterizzate da terreni boschivi, è sempre preferibile allevare capre rustiche e con arti robusti, che sappiano affrontare, senza grossi problemi, terreni scoscesi e impervi;
- nelle zone più a valle, caratterizzate da aree a prato pianeggianti, è possibile allevare razze più "gentili" con arti fini e più delicati come la razza Saanen (*vedi* pag. 13).

Il secondo elemento da valutare è la **destinazione del latte prodotto**. Dal momento che molto probabilmente il latte non verrà venduto ma trasformato nel caseificio aziendale, è meglio indirizzarsi su razze che ne producano quantitati-

Il contesto è uno dei primi elementi da considerare per scegliere la razza che meglio si addice alla propria realtà aziendale.

LE VALUTAZIONI DA FARE PRIMA DI INTRAPRENDERE L'ALLEVAMENTO

Prima di qualunque altra valutazione, è fondamentale capire se la capra è un animale adatto alla propria realtà e quanti soggetti si possono allevare. Per la sua versatilità, la capra ben si adatta a molte realtà agricole: **ama le zone boschive**, in quanto è sempre alla ricerca di foglie giovani, germogli e rovi, ma ben si adatta anche al pascolo, soprattutto in primavera quando l'erba e i fiori abbondano. In questa stagione l'animale è capace di alimentarsi grazie alla mobilità del labbro superiore, con il quale è in grado di selezionare le essenze più appetitose, strappandone le cime più ricche di proteine. Non vi preoccupate quindi del tipo di pascolo: la capra è un animale che sa adattare le sue esigenze alimentari al territorio in cui vive.
Fondamentale è invece – compatibilmente con le condizioni climatiche e con lo stato fisiologico degli animali – consentire a essi un **accesso giornaliero al pascolo**. Si crea in questo modo un legame tra terra e animale, indispensabile per la buona riuscita di qualsiasi allevamento zootecnico. Questo aspetto è molto importante ed è uno dei principi generali della zootecnia biologica, come da Regolamenti Ce n. 834/2007 e n. 889/2008 che forniscono indicazioni anche sul corretto rapporto tra il numero di animali e la superficie di terreno. Per la capra, per esempio, viene indicato come ottimale **un ettaro di terra ogni 13 animali allevati**, in modo che si instauri quell'equilibrio utile a garantire alle capre un corretto approvvigionamento di alimenti e al terreno un apporto di sostanza organica utile alla sua fertilità.

La capra non compete per il cibo con gli altri ruminanti riuscendo a sfruttare terreni molto poveri e ad alimentarsi anche dove altre specie non sopravvivrebbero.

vamente meno ma con buone rese di caseificazione. Per questo il consiglio è di pensare a un allevamento di razze rustiche come quelle autoctone che spesso hanno caratteristiche di trasformazione migliori rispetto alle "gentili" (soprattutto Saanen).
Allevare **razze autoctone** risulta inoltre essere la scelta vincente perché si tratta di animali che nel tempo si sono evoluti, selezionati e adattati per vivere e produrre in determinate condizioni climatiche e di territorio. Per questo si troveranno sicuramente a loro agio. Il reperimento in zona di pochi soggetti non dovrebbe tra l'altro essere difficoltoso: basterà rivolgersi alle associazioni presenti sul territorio a tutela di questi animali.
Allevare razze autoctone apporta un valore aggiunto al prodotto finale essendo sinonimo di artigianalità, produzione locale e legame con il territorio, concetti oggi molto sentiti dal consumatore. Tuttavia, bisogna tenere presente che le performance produttive non sono equiparabili a quelle delle razze cosmopolite e diffuse negli allevamenti intensivi come le Saanen e la Camosciata delle Alpi. È quindi un fattore da prendere in considerazione in fase di progettazione economica.

Se le razze autoctone sono ottimali in quanto già abituate a un determinato ambiente, quelle cosmopolite spesso hanno rese produttive superiori.

LE RAZZE PIÙ ALLEVATE

In Italia vengono allevate innumerevoli **razze ed ecotipi locali** che rappresentano un patrimonio di biodiversità di importanza strategica. Queste razze autoctone, sapendosi adattare e selezionandosi alle condizioni pedoclimatiche del luogo, riescono a sfruttare al meglio le risorse del territorio e non necessitano, per il loro sostentamento, di importanti integrazioni alimentari, sapendo quindi trasformare in latte o carne alimenti non appetibili o inutilizzabili da altre specie animali, compreso l'uomo. Rappresentano per questo un ottimo esempio di allevamento sostenibile sia da un punto di vista ambientale, per la capacità che ha l'animale al pascolo di "pulire il territorio", sia economico, per i suoi bassi costi di mantenimento.
Al contrario, le **razze cosmopolite** come la Saanen e la

Camosciata delle Alpi hanno sviluppato nel tempo la capacità di adattarsi a diverse situazioni di territorio e allevamento con ottime produzioni di latte, ma necessitano di un'integrazione nella dieta di alimenti concentrati che spesso devono essere acquistati e oltre che rappresentare un costo, la loro coltivazione, se non realizzata con metodo biologico, ha un importante impatto per l'ambiente.

Cominciamo comunque da queste ultime, facilmente reperibili sul mercato, ricordando tra l'altro che in Italia è attivo il **Libro Genealogico**.

È il ***libro*** a cui vengono iscritti gli animali di una razza, i cui genitori siano stati sottoposti a controlli delle attitudini produttive. È utilizzato dagli allevatori per migliorare le caratteristiche genetiche del gregge allevato.

Le razze cosmopolite gentili

Camosciata delle Alpi (A). È una razza originaria della Svizzera. Per la sua adattabilità a ogni forma di allevamento si è diffusa in diversi Paesi europei, soprattutto in Francia e in Italia. È così denominata per la sua somiglianza al camoscio. La taglia è medio-grande: i becchi (maschi) possono superare gli 80 cm di altezza al garrese e i 90 kg di peso, le femmine i 70 cm al garrese e i 60 kg di peso. È un'ottima produttrice di latte: ogni soggetto ne può fornire anche 8-10 quintali per periodo di lattazione (300 giorni circa), oltre ovviamente a 1-2 capretti all'anno. Spesso nelle capre pluripare (ovvero che abbiano partorito più volte) si può assistere anche a parti gemellari o trigemini.

Il latte ha ottime rese alla caseificazione. Si adatta all'allevamento sia in stalla che all'aperto, anche se predilige la seconda soluzione. La Camosciata delle Alpi ama superfici di pascolo boschive,

Le razze più allevate in Italia sono la Camosciata delle Alpi A (la *freccia* indica il garrese) e la Saanen B.

LA MALTESE

È una razza originaria dell'Asia minore che si è diffusa nel bacino del Mediterraneo mediorientale a partire dall'isola di Malta. In Italia viene allevata soprattutto in Sicilia e nelle aree centromeridionali per la sua **capacità di adattarsi ai climi caldi**. I maschi possono arrivare a 90 cm di altezza al garrese e a un peso di 70 kg, le femmine ai 70 cm e a un peso di 50 kg. È una buona lattifera: la sua produzione può arrivare nelle pluripare a 4 quintali di latte per lattazione. Per le sue ottime caratteristiche (elevato contenuto di grassi), questo latte si presta molto bene per la caseificazione. È una razza docile e rustica che si adatta a qualsiasi forma di allevamento. È consigliata per le aziende del Centro-Sud Italia che intendono **valorizzare il latte prodotto con la trasformazione aziendale**.

ma si adatta anche su prati polifiti (costituiti cioè da diverse specie vegetali). Può essere senz'altro consigliata per le aziende collinari o di montagna e per chi decide di affiancare all'allevamento anche un'attività di trasformazione del latte prodotto in azienda.

Saanen (B). Anche questa razza è originaria della Svizzera. Si è diffusa in tutto il mondo per le ottime capacità di produzione di latte: una femmina pluripara può produrre per lattazione (300 giorni circa) più di 10 quintali di latte. Il latte ha una minor resa alla caseificazione rispetto a quello della Camosciata delle Alpi, ma è comunque adatto per ottenere ottimi formaggi.
La Saanen è una capra di taglia grande: i becchi possono arrivare a quasi 90 cm di altezza al garrese e le femmine a 80 cm, con un peso, rispettivamente, di 90 e 70 kg. Questa razza può essere consigliata soprattutto alle aziende di pianura che non hanno vaste superfici di pascolo e che hanno intenzione di trasformare il latte prodotto nel caseificio aziendale.

In Italia vi sono numerose razze e popolazioni caprine di origine locale molto adatte per lo specifico territorio di origine. Per esempio: Capra Sarda C, Alpina comune D, capra di Roccaverano E, Frisa della Valtellina o Frontalasca F, Orobica o capra della Valgerola G.

Le razze italiane

Oltre alle due razze cosmopolite gentili appena viste e alla maltese (*vedi* riquadro a pag. 13), in Italia troviamo numerose razze e popolazioni caprine autoctone (di origine locale) le quali nel tempo hanno sviluppato caratteristiche che le rendono **particolarmente idonee per il territorio di origine**. Il lento processo di selezione è stato accompagnato anche dall'uomo, che ha fatto riprodurre i soggetti più adeguati e produttivi. Questo ha permesso di sviluppare ceppi locali con caratteristiche di rusticità e adattabilità all'ambiente spesso più vantaggiose di quelle di razze selezionate per la produzione di latte. Gli esempi sono innumerevoli e qui ve ne forniamo alcuni.

Capra Sarda (C). Originaria della Sardegna, nel tempo il suo allevamento si è diffuso su tutta l'isola, dove spesso

la si trova incrociata con altre razze. Esistono soggetti di varia taglia: i maschi possono arrivare a 60 kg di peso vivo e 80 cm al garrese, le femmine a 50 kg e 70 cm, ma vi sono anche animali di taglia inferiore. Il colore del pelo può variare nelle tonalità del grigio sino al bianco.
Ha discrete attitudini lattifere (lattazioni da circa 2 quintali) e il suo latte va valorizzato trasformandolo in caprino puro o mescolandolo con latte di pecora. È una capra che ben si adatta a climi siccitosi e aridi, sapendo sfruttare le scarse risorse fornite dal territorio. È indubbiamente un animale da consigliare a chi dovesse decidere di avviare un allevamento in Sardegna e potesse disporre di terreni per il pascolo così da ridurre le spese per l'alimentazione.

Alpina comune (D). Non riconosciuta come vera e propria razza per l'enorme variabilità di taglie e mantelli. Diffusa in tutto l'arco alpino occidentale, è riuscita ad adattarsi all'ambiente montano in generale, garantendo latte e capretti.

Capra di Roccaverano (E). Allevata nelle province di Asti e Cuneo, è stata selezionata per l'adattabilità a pascoli e foraggi poveri, garantendo però un latte di alta qualità utilizzato nella produzione della pregiata omonima robiola.

Frisa della Valtellina (F) e Orobica (G). Dette anche Frontalasca la prima e capra della Valgerola la seconda, le troviamo nelle Alpi e Prealpi lombarde. Sono capre rustiche

Sempre tra le razze italiane, la Nera di Verzasca H, la Cilentana, che può essere Fulva I ma anche Grigia o Nera, e la Jonica L allevata soprattutto in Puglia.

adatte agli alpeggi montani. Garantiscono rispettivamente latte e carne per due prodotti tipici: il formaggio Bitto e il prosciutto di coscia stagionato definito "violino di capra".

Nera di Verzasca (H). Originaria della Svizzera, è allevata soprattutto nelle province di Como e Varese. È una capra rustica, adatta a pascoli poveri, in grado di garantire ottime produzioni di latte per l'ottenimento dell'unico formaggio italiano Dop al 100% di latte di capra: la Formaggella del Luinese.

Cilentana Grigia, Fulva (I) o Nera. La troviamo in provincia di Salerno. Capace di adattarsi a pascoli collinari di bassa, media o alta collina, è allevata soprattutto per la produzione del capretto, ma il suo latte, caratterizzato dall'aroma derivante dagli oli essenziali contenuti nelle piante tipiche della macchia mediterranea, è utilizzato per la produzione del cacioricotta.

Capra Jonica (L). È un animale allevato prevalentemente in Puglia per la produzione di latte, anch'esso spesso trasformato in cacioricotta. Si adatta a tutte le tipologie di allevamento ed è una razza molto indicata per quelli semintensivi.

LE INCOMBENZE BUROCRATICHE

Un'azienda che voglia iniziare ad allevare animali, è tenuta a richiedere un **codice allevamento**. Per questo dovrà recarsi presso i servizi veterinari della Ulss di competenza territoriale per la compilazione del modulo di richiesta.
Una volta ottenuto il codice – che è composto dalla sigla IT, seguita da tre numeri indicanti il codice Istat del Comune

A

Pag. ...

Registro di carico e scarico aziendale **INDIVIDUALE** per Ovini e Caprini

N° Ordine	Data di identificazione (1)	Codice di identificazione auricolare (2)	Codice di identificazione elettronico (2)	Marchio precedente (3)	Anno di nascita	Razza	Genotipo (4)	CARICO			SCARICO				N° di immatricolazi del mezzo trasporto (
								Data ingresso	Provenienza (5)	Estremi documento di trasporto	Destinazione (6)	Data di morte o vendita	Trasportatore (7)	Estremi documento di trasporto	

B

Registro dei trattamenti terapeutici Art. 15, D.Lgs. 158/2006 e Art. 79, D.Lgs. 193/2006

A CURA DEL VETERINARIO									A CURA DEL PROPRIETARIO E DEL RESPONSABILE				
			IDENTIFICATIVO ANIMALI										
N. ord.	Data	Motivo del trattamento	Sesso / Specie	N. Totale Animali	Contrassegno individuale/ n. box/partita degli animali	Nome comm.le del/dei medicinale/i mangime medicato ecc. utilizzato/i (*)	Tempo di sospensione	Firma leggibile del Veterinario curante	N. lotto (*)	Data inizio trattamento	Data fine trattamento	Fornitore del Medicinale/ (Nome e indirizzo)	N. di confez. residue o quantità
1	2	3	4	5	6	7	8	9	10	11	12	13	14
	G M Anno		M F							G M Anno	G M Anno		
	G M Anno		M F							G M Anno	G M Anno		
	G M		M F							G M	G M		

Prima di intraprendere l'allevamento è necessario procurarsi: **A** il registro di carico e scarico degli animali, **B** il registro dei trattamenti terapeutici.

Le capre devono essere identificate dal venditore con due marche auricolari (una per orecchio, *vedi* frecce); si ricorda che dal 1° gennaio 2010 una delle due marche deve contenere un microchip per l'identificazione elettronica.

dove ha sede l'azienda, la sigla della provincia e altre tre cifre che identificano il numero progressivo dell'allevamento – ci si dovrà procurare un **registro di carico e scarico animali** (*vedi* facsimile a pag. 17) e un **registro dei trattamenti terapeutici** (*vedi* facsimile a pag. 17), che andranno portati per la vidimazione allo stesso sportello a cui ci si è rivolti per la richiesta del codice stalla.
Dopo aver acquistato le capre, che devono sempre essere identificate dal venditore con due marche auricolari, una delle quali contenente un microchip utile per l'identificazione elettronica, sul registro di carico e scarico vanno trascritti tutti i dati riportati sul **modello IV** consegnato dal venditore. Da settembre 2017, la gestione di questo modello è informatizzata, ma il venditore è sempre tenuto a consegnarne una copia cartacea da archiviare in azienda. A questo punto, una volta accasati gli animali, si dovranno **avvisare i servizi veterinari** dell'arrivo degli animali in azienda.
La prassi descritta va seguita anche per un numero esiguo di capi, in quanto tutte le aziende che iniziano un allevamento ovicaprino vanno inserite nella banca dati nazionale.

COSA FARE PRIMA E DOPO L'ACQUISTO

Possibilmente evitate l'acquisto di capre adulte, ma prenotate un gruppo di **capre novelle** che porterete a casa una volta svezzate. Questo vi permetterà di prendere gradualmente familiarità con gli animali e di non dover affrontare da subito tutti i lavori. Per essere certi di acquistare capre giovani, è d'aiuto saper stabilire l'età in base ai denti come spiegato nell'approfondimento di fine capitolo (*vedi* pag. 20).
Vi consigliamo di acquistare tutti gli esemplari presso un unico allevamento (solo nel caso del maschio può essere conveniente che provenga da un allevamento diverso per evitare la consanguineità), scelto in base alle

UN AIUTO NELLA SCELTA

Dopo aver deciso quale razza possa essere più adatta alle vostre esigenze aziendali, anche in considerazione dell'indirizzo produttivo che avete intenzione di sviluppare, contattate telefonicamente l'**Associazione provinciale allevatori** (Apa) di zona (il numero lo trovate nell'elenco telefonico o consultando il sito Internet www.aia.it) e fatevi indicare qualche allevamento locale da visitare. Questo vi permette di rendervi conto di quale sia il migliore per l'acquisto delle vostre capre.

caratteristiche di efficienza, serietà e disponibilità.
Valutate anche i soggetti adulti presenti in allevamento, che devono presentarsi in **ottime condizioni di forma e salute**. Controllate che le capre da voi scelte non abbiano il doppio capezzolo (difetto che viene trasmesso geneticamente per linea maschile). Verificate inoltre l'**omogeneità del gruppo** che porterete a casa: le capre acquistate dovranno avere tutte all'incirca stesso peso e stessa altezza al garrese, segno che lo svezzamento è avvenuto senza alcun problema.
Chiedete anche informazioni sulla **positività o meno della stalla alla Caev** (artrite-encefalite virale delle capre), malattia che tratteremo nel capitolo dedicato ai problemi sanitari (*vedi* pag. 102). Per le prime settimane di "accasamento" delle capre, è importante creare un ambiente il più somigliante possibile a quello da cui gli animali provengono. Inoltre, è bene mantenere il tipo di alimentazione, le modalità di somministrazione e le ore dei pasti che avevano precedentemente nell'allevamento di origine. Solo con il tempo si potranno cambiare, una alla volta, le abitudini degli animali per adattarle alle esigenze aziendali.

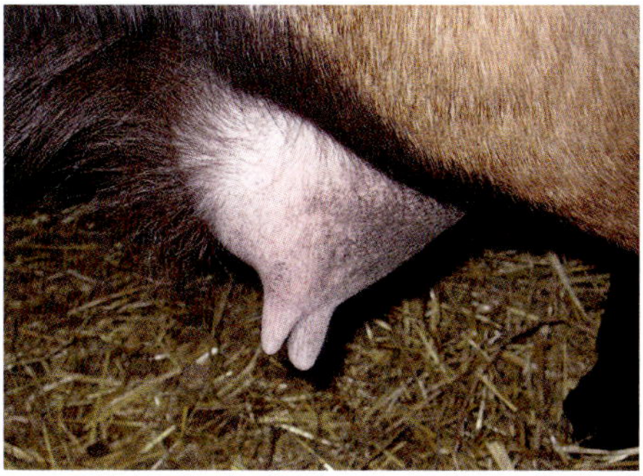

Prima dell'acquisto controllate che le femmine non abbiano il doppio capezzolo (difetto, ben visibile *nella foto*, che viene trasmesso geneticamente per linea maschile).

STABILIRE L'ETÀ IN BASE AI DENTI

Negli ovicaprini (capre e pecore) è possibile – con un margine di errore di pochi mesi – valutare l'età dell'animale tramite l'osservazione dei denti, nello specifico degli incisivi (i molari sono invece difficilmente ispezionabili perché posti in fondo alla cavità orale), che si trovano solo nella mandibola, cioè nella parte inferiore della bocca.
Nella mascella, invece, non ci sono canini e incisivi, ma una formazione ossea (detta "corpo incisivo"), contenuta dalla gengiva, che funge da controbattuta agli incisivi inferiori per consentire all'animale di strappare l'erba (e nel caso della capra anche le foglie).
Per la valutazione dell'età è sufficiente saper distinguere lo **stato degli 8 incisivi** – da latte o definitivi – a forma di paletta e così classificati:

- 2 picozzi, la coppia centrale;
- 2 primi mediani, i due immediatamente laterali ai picozzi;
- 2 secondi mediani, i due immediatamente laterali ai primi mediani;
- 2 cantoni, i due più esterni.

DAGLI INCISIVI DA LATTE AI DEFINITIVI

Alla nascita le capre non hanno denti, oppure questi sono appena accennati (in particolare si possono intravedere i picozzi).
Poi, entro i primi 10 giorni di vita, spuntano visibilmente i picozzi e nel giro di alcune settimane, in successione, i primi mediani, i secondi mediani e i cantoni; questi ultimi raggiungono l'altezza degli altri incisivi (si dice che "pareggiano") solo verso i 2-3 mesi di età.
La sostituzione dei denti da latte con i **denti definitivi** – che sono più grandi e più larghi – avviene nel corso degli anni secondo una ben definita cronologia:

- a circa 1 anno di età, le capre perdono i picozzi da latte e quindi i soggetti presentano i picozzi definitivi;

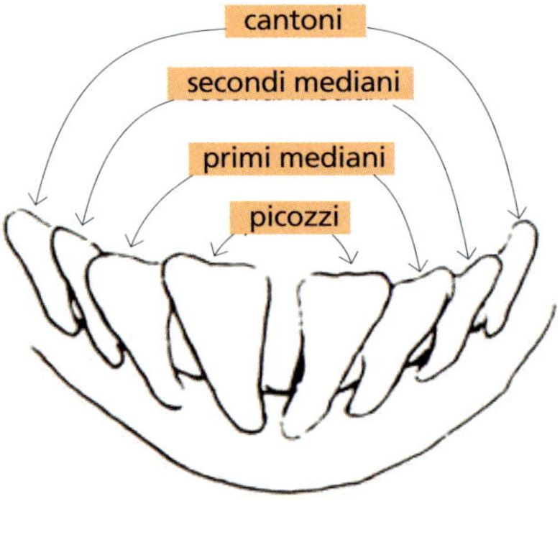

La dentatura da latte e quella definitiva hanno gli stessi nomi.
Nel disegno a lato, gli otto incisivi presenti nella mandibola.

- a circa 2 anni di età cadono i primi mediani da latte e quindi i soggetti presentano i picozzi e i primi mediani definitivi;
- a circa 3 anni di età cadono i secondi mediani da latte e quindi i soggetti presentano i picozzi, i primi mediani e i secondi mediani definitivi;
- a circa 4 anni di età cadono anche i cantoni da latte e quindi i soggetti di quell'età presentano tutti gli incisivi definitivi.

Durante la sostituzione degli incisivi da latte si verifica anche quella dei molari. La bocca si dice "fatta" quando, a circa 4 anni, l'animale ha completato la dentizione definitiva. A questa età si completa anche lo sviluppo corporeo.

EROSIONE E CADUTA

Con il passare degli anni, gli incisivi iniziano a consumarsi all'interno, a partire dai picozzi, e l'arcata dentale si abbassa progressivamente, cambiando molto l'aspetto della tavola dentaria (il piano superiore del dente). In pratica, questa assume progressivamente (nel corso di qualche anno) una forma quadrangolare e infine si arrotonda; man mano aumenta anche lo spazio fra i denti, che si inclinano progressivamente verso l'esterno.
Dopo i **7 anni** i 2 picozzi si consumano anche in maniera obliqua verso l'alto sul loro margine centrale e lo spazio che li divide tende ad assumere una forma a "V".
Dagli **8-9 anni** le capre iniziano a perdere i denti. Difficilmente soggetti con più di **10 anni** hanno ancora una dentizione completa, ma possono lo stesso alimentarsi.

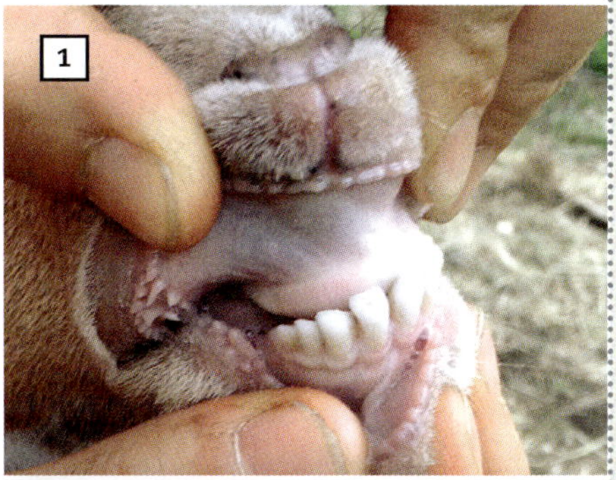

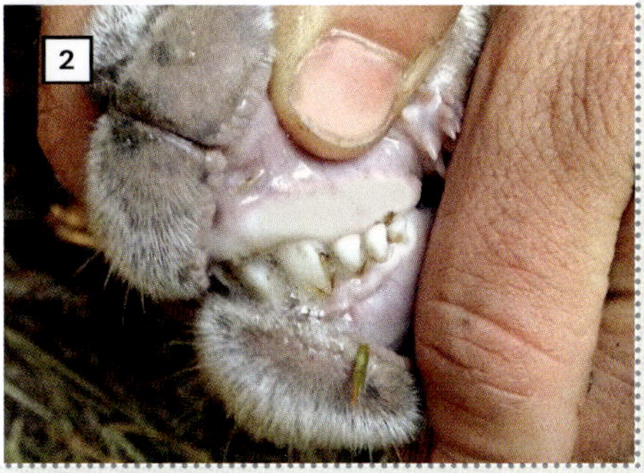

Mettere in evidenza e valutare la dentatura di un ovicaprino richiede un minimo di manualità: 1 dopo aver immobilizzato il capo, si fa socchiudere la bocca all'animale; 2 si abbassa contemporaneamente il labbro inferiore con le dita, tenendo sollevato il labbro superiore quanto basta con il pollice.

ALLEVAMENTO DI 10 CAPRE E 1 BECCO

Un piccolo allevamento può essere ospitato in una stalla anche di recupero, purché venga razionalmente attrezzata. Le capre devono poi avere la possibilità di accedere a un pascolo diviso in parcelle per sfruttarlo al meglio. In assenza della stalla è possibile dotarsi di una tettoia, riparata su due o tre lati e aperta verso sud.

L'allevamento di poche capre può essere motivato da semplice passione o dalla necessità di tenere pulita una superficie

La scelta di allevare poche capre può essere dettata dalla **semplice passione** per questa specie animale (come nel progetto qui illustrato) o dalla necessità di tenere pulita una superficie verde o, ancora, dall'esigenza di iniziare una piccola attività mirata alla **produzione, per l'autoconsumo, di latte e formaggi** o anche alla vendita dei capretti (a riguardo, nel prossimo capitolo descriveremo l'allevamento di 20 capre e 1 becco).

Gli **agriturismi** e le **fattorie didattiche**, inoltre, possono allevare un gruppo di capre di queste dimensioni per l'interesse che tali simpatici animali suscitano nei bambini e nei visitatori.

Un allevamento di poche unità non necessita di grossi investimenti in strutture né di ampie superfici a pascolo. Sia le strutture che il pascolo non devono poi necessariamente essere dedicate esclusivamente alle capre, ma possono essere eventualmente condivise con altre specie animali presenti in azienda (avicoli soprattutto).

La prima regola è quella di adattare le strutture che già si possiedono in modo da soddisfare le necessità descritte di seguito, senza dimenticare però che solo rispettando le esigenze comportamentali e il benessere degli animali il loro allevamento produrrà buoni frutti.

ORGANIZZAZIONE E GESTIONE DEL PASCOLO

Per un allevamento di 10 capre è sufficiente recintare **un ettaro circa di terra**: tale superficie è sufficiente per il pascolo giornaliero degli animali e per lo sfalcio di parte del fieno da utilizzare nel periodo invernale.

Per l'allevamento di un modesto numero di capre è sufficiente dedicare a pascolo ***un ettaro*** di terreno.

Tenete presente che la capra è classificata come **animale brucatore** piuttosto che "pascolatore", il che significa che predilige sfruttare terreni marginali, dove potersi alimentare di rovi, gemme, giovani foglie e arbusti. Di conseguenza cercate di dedicare al pascolo gli spazi dell'azienda con queste caratteristiche, magari non sfruttati per altri scopi agricoli. Se ciò non fosse possibile, recintate le aree che ritenete più opportune.

È importante che l'area del pascolo sia dotata di zone d'ombra (costituite preferibilmente da alberi) e dia la possibilità agli animali di muoversi e

Un allevamento di poche unità non necessita di grandi investimenti e non richiede superfici particolarmente ampie.

PROGETTO DI ALLEVAMENTO PER 10 CAPRE E 1 BECCO CON PASCOLO DI UN ETTARO

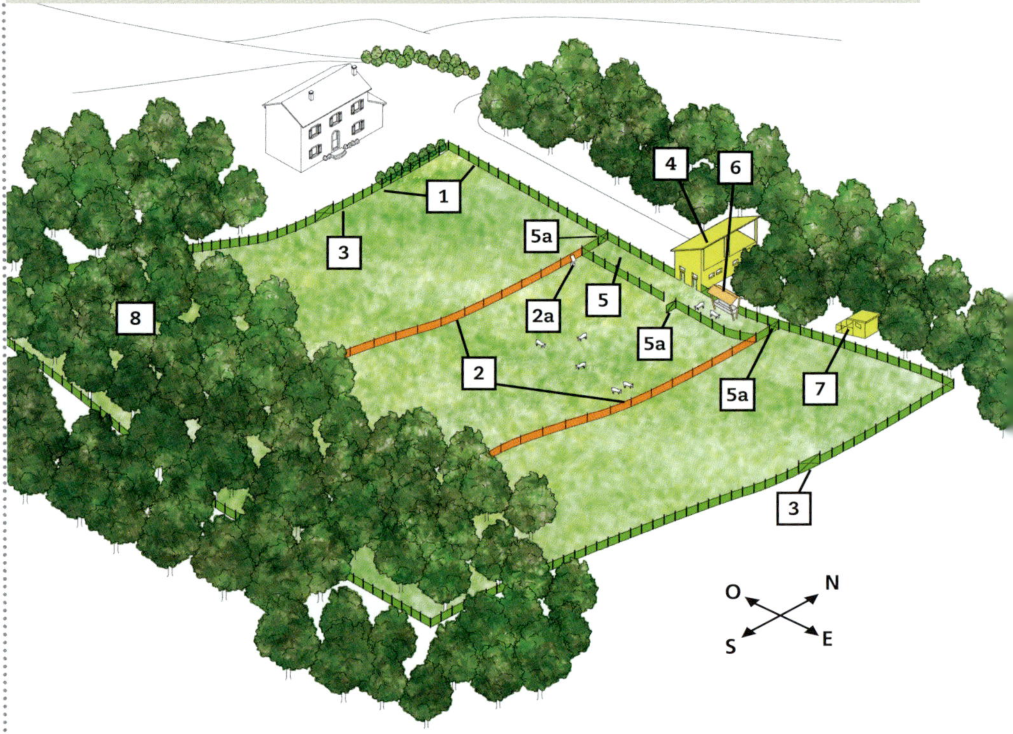

L'area a pascolo, in zona collinare, è di circa un ettaro (si tratta quindi di una superficie di circa 100×100 metri).
Nel progetto illustrato le capre si trovano nella parcella centrale (come mostra lo schema di rotazione del pascolo presentato a lato).

1) Recinzione perimetrale costituita da rete metallica sostenuta da pali di legno.
2) Rete elettrificata per la divisione del pascolo in parcelle, alimentata da batteria con pannello solare (**2a**).
3) Cancelli di accesso al pascolo.
4) Stalla (*vedi* pag. 27).
5) Recinto di 50 m^2, adiacente alla stalla e con tre cancelletti (**5a**) per l'accesso alle diverse parcelle.
6) Rastrelliera che consente agli animali di alimentarsi all'esterno anche in autunno-inverno.
7) Ricovero per il becco con recinto (*vedi* pag. 29).
8) Zone d'ombra (fornite in questo caso da una parte di bosco) di cui deve essere dotato il pascolo.

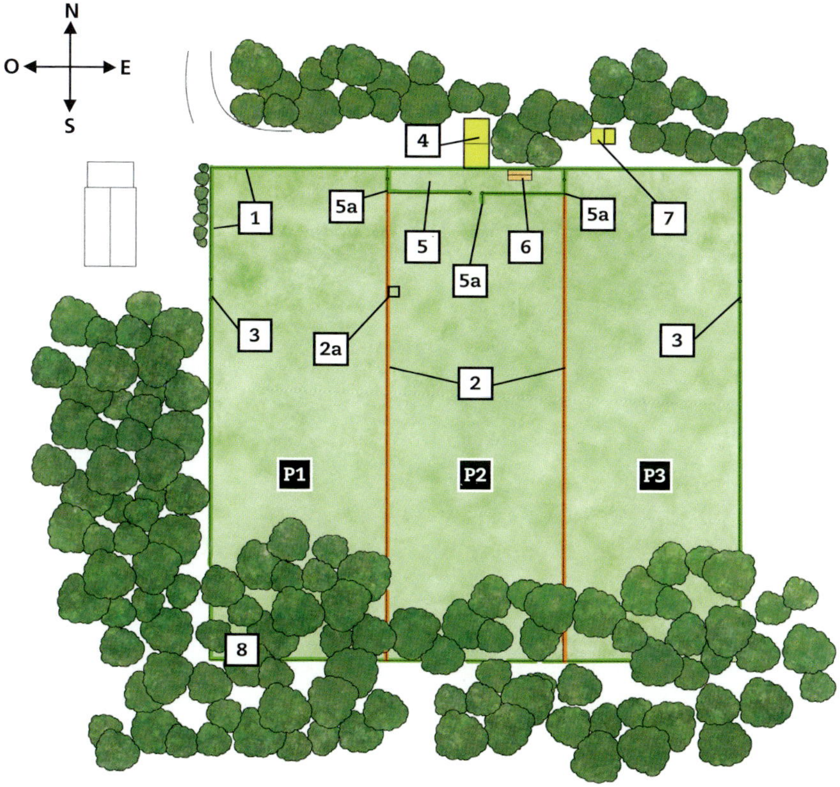

Vista in pianta del pascolo

Il pascolo è diviso in tre parcelle (**P1**, **P2**, **P3**) con rete mobile elettrificata.
1) Recinzione perimetrale. **2**) Rete elettrificata. **2a**) Batteria con pannello solare per l'alimentazione della rete elettrificata. **3**) Cancelli di accesso al pascolo. **4**) Stalla (*vedi* dettagli a pag. 27). **5**) Recinto di 50 m², adiacente alla stalla con tre cancelletti (**5a**) per l'accesso alle parcelle. **6**) Rastrelliera. **7**) Ricovero per il becco con recinto. **8**) Bosco.

Per quanto riguarda la rotazione del pascolo, ecco come procedere:
- gennaio, febbraio, marzo, aprile e prima settimana di maggio: capre in **P1** (**P2** e **P3** a riposo);
- maggio: sfalcio di **P2** e **P3** (dopo una settimana capre in **P2**);
- giugno, luglio e prima settimana di agosto: capre in **P2** (**P1** e **P3** a riposo);
- agosto: sfalcio di **P1** e **P3** (dopo una settimana capre in **P3**, dove rimarranno fino al gennaio successivo).

cibarsi di erba fresca, soprattutto in primavera o al ricaccio dopo lo sfalcio.
All'interno della zona a pascolo è poi utile la presenza di una rastrelliera che consenta agli animali di alimentarsi all'esterno anche nel periodo autunnale o invernale quando il terreno è in riposo vegetativo.
Nel progetto illustrato alle pagine 24-25 la rastrelliera (**6**) è stata posta in un recinto (di circa 50 metri quadrati) adiacente alla stalla, dal quale le capre possono accedere alla parcella di pascolo messa a disposizione in quel momento.

La recinzione perimetrale. La recinzione di tutto il perimetro del pascolo è uno strumento indispensabile per poter contenere le capre e preservare il resto dell'azienda dalle loro incursioni. La capra, infatti, se lasciata libera invade orti e frutteti, con conseguenze non certo piacevoli per le produzioni. Un buon sistema di recinzione è costituito da una rete metallica alta circa 1,8 metri fuori terra, sostenuta da pali in legno posti a circa 2 metri l'uno dall'altro e interrati mezzo metro. Lungo la recinzione dovete prevedere la presenza di almeno un cancello attraverso cui poter accedere al pascolo quando necessario.

La suddivisione in parcelle. La superficie riservata al pascolo va divisa in parcelle. Un ettaro di terreno risulterebbe

A Recinzione perimetrale costituita da rete metallica sostenuta da pali di legno.
B Rete elettrificata per la divisione del pascolo in parcelle, alimentata da batteria con pannello solare (*nella foto*).

infatti eccessivo per soli 10 animali, se lo avessero completamente a disposizione, con il risultato che parte dell'erba verrebbe solo calpestata e quindi sciupata.
Con una rete mobile elettrificata, suddividete quindi la zona a pascolo in tre parti uguali e **spostate il gregge a rotazione** da una parcella all'altra, dopo aver effettuato la fienagione.
Si consiglia di mantenere il terreno bene inerbito con la semina di graminacee, quali loietto o erba mazzolina, che le capre preferiscono rispetto ad altre erbe da prato.

COME ATTREZZARE LA STALLA

All'interno della struttura le capre devono avere a disposizione una superficie calpestabile coperta di almeno 2 metri quadrati ciascuna. Nel progetto illustrato in questa pagina abbiamo previsto una stalla di 25 metri quadrati (5×5 metri) che permette agli animali di muoversi agevolmente.

Le mangiatoie e la rastrelliera. Su due lati della stalla vanno predisposte, a mezzo metro di altezza dal terreno, due mangiatoie (ricordate, occorrono 40 cm di fronte mangiatoia per capo). Sulla parete di fondo è invece posta, se possibile nelle vicinanze della zona di deposito del fieno, la rastrelliera del fieno a un metro di altezza (si può prevedere la comoda somministrazione di foraggio direttamente dal retro stalla, attraverso un'apertura della parete).

STALLA: VISTA IN PIANTA

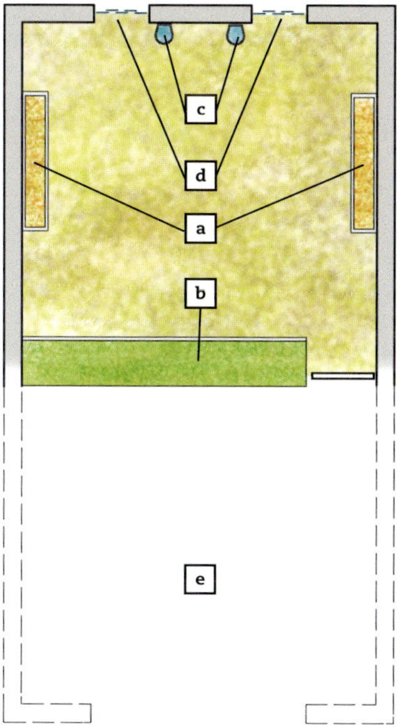

Nel progetto qui illustrato abbiamo previsto una stalla di 25 m² (5×5 metri). **a**) Mangiatoie poste su due lati della stalla. **b**) Rastrelliera del fieno. **c**) Abbeveratoi a tazza riforniti dall'impianto idrico. **d**) Strisce di plastica mobili appese alla sommità dell'entrata della stalla (consentono il passaggio degli animali e al contempo riparano dalle correnti d'aria). **e**) Retro della stalla utilizzato per ricovero attrezzi.

Gli abbeveratoi. Gli animali devono avere sempre a disposizione acqua pulita in quantità illimitata. Un buon sistema è quello di dotare la stalla di un paio di abbeveratoi a tazza riforniti direttamente dall'impianto idrico, da preferire al comune secchio. Quest'ultimo viene utilizzato spesso ma comporta inutili sprechi di acqua e di tempo, poiché deve essere svuotato e ripulito giornalmente.

La lettiera. Non è necessario pavimentare il ricovero, basta predisporre una lettiera di paglia (uno strato di circa 10 cm) da integrare al bisogno (cioè quando risulta bagnata o eccessivamente imbrattata di feci). Importante, infatti, è garantire una superficie asciutta e pulita che permetta agli animali di riposare in un ambiente confortevole. La lettiera va asportata e sostituita completamente ogni due mesi (dopo ulteriori sei mesi di compostaggio diventerà un ottimo concime).

A Rastrelliera per somministrare il foraggio all'esterno della stalla. **B** Abbeveratoio a tazza. **C** Non è necessario pavimentare la stalla: basta predisporre una lettiera con paglia (uno strato di circa 10 cm) da integrare al bisogno.

UNA TETTOIA PUÒ SOSTITUIRE LA STALLA

Se non è disponibile una struttura da adattare a stalla, per il ricovero degli animali può essere predisposta una semplice tettoia, chiusa con delle assi di legno su due-tre lati fino a un'altezza di almeno 1,5 metri. Infatti, è più importante proteggere le capre dalle **correnti d'aria** piuttosto che dalle basse temperature.

Esempio di tettoia chiusa su due lati. La struttura comprende anche una rastrelliera, rifornibile dall'esterno, per la somministrazione del foraggio.

L'accesso al pascolo. Le capre devono poter accedere liberamente al pascolo, ogni qual volta lo desiderino. Una buona soluzione per la chiusura della porta o delle porte di accesso può essere costituita da strisce di plastica verticali e mobili, appese alla sommità dell'apertura: in questo modo si consente il passaggio degli animali e, nello stesso tempo, li si ripara dalle correnti d'aria.

IL RICOVERO PER IL BECCO

Infine, per una corretta gestione del piccolo allevamento, è importante predisporre un **ricovero** anche per il becco che rimane in gregge solo da agosto fino all'epoca dei parti (febbraio). Da marzo ad agosto va tenuto in una struttura a parte, con un piccolo recinto che gli permetta di accedere all'aperto anche nei mesi di isolamento. In agosto, con il ritorno in calore delle capre, il becco verrà reintrodotto nel gregge.

Per predisporre e gestire al meglio il ***ricovero*** per il becco seguite anche le indicazioni fornite a pagina 40.

ALLEVAMENTO DI 20 CAPRE E 2 BECCHI

Un allevamento di questa entità richiede la disponibilità di almeno 4,5 ettari di terreno (tra bosco e prato-pascolo) e di una stalla razionalmente attrezzata. L'affiancamento poi di un caseificio aziendale per la trasformazione del latte prodotto consente di realizzare un reddito integrativo. Vediamo, passo dopo passo, come progettare il tutto.

In primavera le capre ricercano i ricacci di erba, che risultano appetibili e nutrienti dopo l'alimentazione a base soprattutto di foraggi secchi somministrata nel corso dell'inverno.

Vediamo come organizzare le strutture e gli spazi di un'azienda collinare che, oltre all'attività di allevamento di un gregge di circa 20 capre da latte, preveda quella di **trasformazione del latte prodotto e** di **gestione di un piccolo spaccio** per la vendita dei formaggi. L'affiancamento di queste attività offre la possibilità di valorizzare il lavoro svolto con la produzione di formaggi realizzando, di conseguenza, un reddito integrativo.

Questo allevamento – che presume un minimo di capi da allevare (almeno 20) e di superficie disponibile (almeno 4,5 ettari) – ben si addice a chi ha un'**occupazione part-time** e vuole trarre un ulteriore reddito dalla propria attività agricola. Può anche essere intrapreso da chi possiede e segue a tempo pieno un'azienda agricola, ma ha il tempo e lo spazio per l'inserimento al suo interno di una nuova attività.

ORGANIZZAZIONE E GESTIONE DEL PASCOLO

La zona a prato è utile sia per il pascolo sia per la produzione di fieno da utilizzare in inverno.

Come abbiamo già avuto modo di sottolineare, grazie alle sue caratteristiche di brucatrice, la capra può sfruttare egregiamente zone di pascolo con arbusti e rovi, anche se nel periodo primaverile predilige i primi ricacci di erba; questi risultano particolarmente appetibili e nutrienti dopo l'inverno, periodo in cui è stata alimentata soprattutto con foraggi secchi. Per questo motivo, ideale sarebbe disporre di un'area che comprenda sia una zona boschiva che una a prato, utile per il pascolo ma soprattutto per la produzione di fieno da utilizzare nel periodo invernale. Per esempio, nel progetto illustrato in queste pagine abbiamo ipotizzato di disporre di:

- una **zona boschiva** di almeno 1,5 ettari (15.000 metri quadrati), con un perimetro completamente recintato, con possibilità di accesso diretto dalla stalla;
- un **prato-pascolo** di circa 3 ettari (30.000 metri quadrati).

Come già indicato a pagina 26, un buon sistema di recinzione della zona boschiva è costituito da una rete metallica alta circa 1,8 metri fuori terra, sostenuta da pali in legno posti a circa 2 metri l'uno dall'altro e interrati mezzo

Il tipo di allevamento che stiamo considerando prevede tra l'altro la presenza di una zona boschiva recintata di almeno 1,5 ettari.

PROGETTO DI ALLEVAMENTO PER 20 CAPRE E 2 BECCHI CON PASCOLO DI 4,5 ETTARI

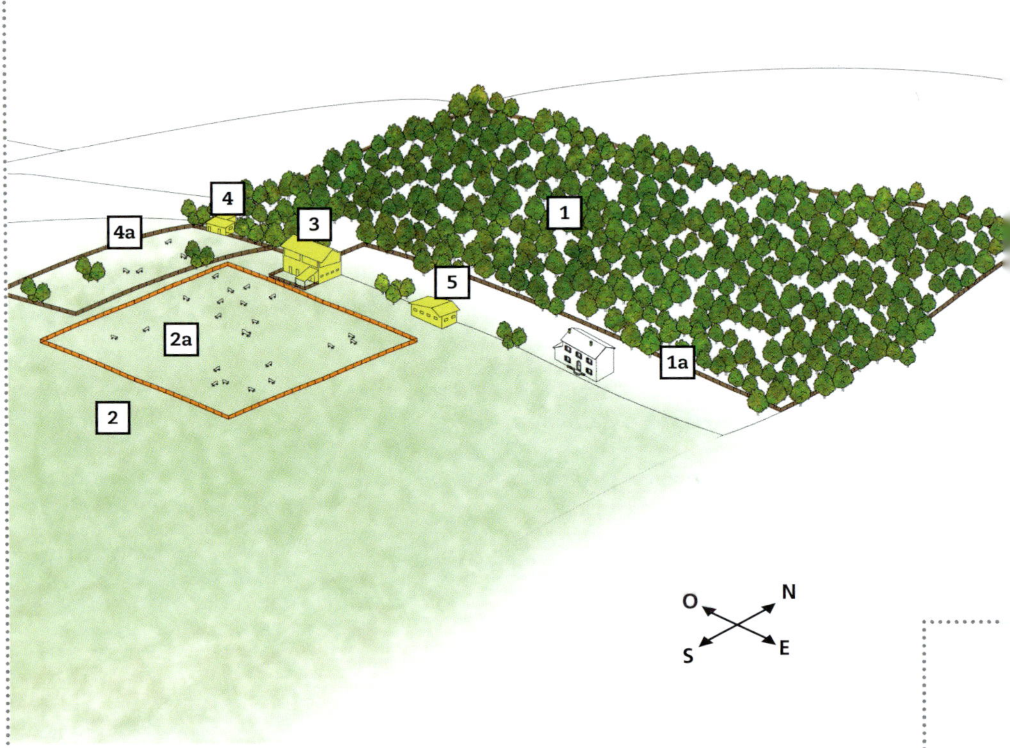

Tra zona boschiva e prato-pascolo per un allevamento di queste dimensioni occorrono almeno 4,5 ettari di terreno (1,5 ettari di bosco recintato e 3 ettari di prato-pascolo).

1) Zona a bosco con recinzione (**1a**).

2) Prato-pascolo utilizzato soprattutto per la produzione di foraggio; nel periodo primaverile, o dopo gli sfalci, parti del prato-pascolo (parcelle) possono essere utilizzate per far pascolare le capre.

2a) Parcella di 2.500 metri (recintata con rete elettrificata) riservata al pascolo in primavera o dopo gli sfalci.

3) Stalla con fienile (*vedi* pag. 34).

4) Capretteria e ricovero destinato ai 2 becchi (*vedi* pagg. 39 e 40) con recinto di circa 1.000 m² (**4a**) riservato alla capretteria.

5) Caseificio e punto vendita.

Vista in pianta del pascolo

1) Bosco e relativa recinzione (**1a**). **2**) Prato-pascolo e parcella di 2.500 metri (**2a**) recintata con rete elettrificata, riservata al pascolo in primavera o dopo gli sfalci. **3**) Stalla con fienile. **4**) Capretteria e ricovero per i due becchi. **4a**) Recinto di circa 1.000 m^2 riservato alla capretteria. **5**) Caseificio e punto vendita.

metro. Lungo la recinzione è prevista la presenza di almeno un cancello per accedervi quando si renda necessario.
La superficie a prato-pascolo è utilizzata soprattutto per la produzione di foraggio. Nel periodo primaverile, o dopo gli sfalci, potrete farvi pascolare le capre parcellizzandolo (cioè delimitandone una parte a rotazione) con l'aiuto di una recinzione elettrica (come indicato nel progetto a pag. 24). A tale scopo, molto pratiche e facili da spostare sono le **reti elettrificate** (*vedi* immagine a pag. 26), già dotate di pali con picchetti da piantare nel terreno, che potete spostare ogni qual volta la superficie di pascolo sia stata ben sfruttata dalle capre. Questo sistema di rotazione consente di far riposare nel frattempo le superfici boschive in modo che la vegetazione presente possa ricacciare nuove foglie e gemme.

Se le aree di pascolo non sono dotate di abbeveratoi, o non hanno un accesso diretto alla stalla, ricordatevi di far rientrare le capre in stalla a metà giornata per permettere loro di bere. Una buona abitudine può essere quella di far uscire le capre la mattina dopo la mungitura e farle rientrare verso mezzogiorno.
Le capre tra l'altro non amano stare per lunghi periodi al pascolo e preferiscono ruminare in un ambiente che conoscono e dove si sentono protette.

LA PROGETTAZIONE DELLA STALLA

Nel progettare una stalla per 20 capre occorre tenere presenti sia le esigenze degli animali che le comodità di lavoro per chi deve accudirli. Solo se la struttura garantisce un comodo svolgimento delle operazioni giornaliere queste si potranno effettuare nel migliore dei modi. Di seguito forniamo le indicazioni per la realizzazione della stalla. Qualora si abbiano già a disposizione delle strutture aziendali utilizzabili, conviene adattare queste ultime, rispettando per quanto possibile le indicazioni qui fornite.
Per poter lavorare in comodità, e garantire al tempo stesso agli animali una struttura confortevole di stabulazione (alloggiamento nella stalla), è necessario prevedere, all'interno dell'edificio a ciò destinato, la presenza di: una zona di alimentazione/riposo per le capre adulte, una corsia di alimentazione, un'infermeria, un box per il deposito dei mangimi, una zona per la mungitura, un fienile. Inoltre, è necessario prevedere, possibilmente in strutture separate, la capretteria o zona riservata ai capretti, e il ricovero dei becchi.

Se la stalla viene organizzata in modo funzionale, si avrà una gestione dell'allevamento razionale e facilitata.

Zona di alimentazione/riposo. Per 20 capre adulte è necessario uno spazio di circa 40 metri quadrati per l'area di alimentazione e di riposo. Un lato dell'area deve essere lungo almeno 8 metri per poter garantire un fronte mangiatoia di 40 cm lineari per capo. Ideale è dotare il fronte mangiatoia di un sistema di autocatture in numero uguale al numero degli animali. Questo permette di bloccare le capre al momento della somministrazione degli alimenti, in modo che si possano eseguire, quando necessario, interventi veterinari o semplicemente per consentire a tutte le capre di mangiare con tranquillità la propria razione, senza il rischio di essere allontanate in malo modo da soggetti più forti e prepotenti.

LA STALLA: VISTA IN PIANTA

La stalla per le 20 capre è stata suddivisa in diversi ambienti.

1) Zona di alimentazione/riposo con recinto per le capre adulte; al suo interno mangiatoia (**a**), rastrelliera (**b**), abbeveratoi (**c**). **2**) Corsia di alimentazione. **3**) Infermeria con mangiatoia (**d**) e abbeveratoio (**e**). **4**) Box per il deposito dei mangimi. **5**) Zona mungitura con palchetto con pedane (**f**); è annesso un recinto con tettoia; l'accesso alla corsia di alimentazione è controllato da un cancelletto. **6**) Fienile (il quale può anche essere al piano superiore della stalla).

A Esempio di mangiatoia con autocattura (sistema di bloccaggio degli animali), particolarmente utile quando è necessario contenere le capre per pochi minuti.
B La zona di alimentazione (a destra *nella foto*) deve essere più alta rispetto a quella di riposo di almeno 20 cm e larga almeno 80 cm per permettere alle capre di alimentarsi agevolmente.

La **zona di alimentazione** deve essere più alta di almeno 20 cm rispetto a quella di riposo e larga almeno 80 cm per poter permettere alla capra di alimentarsi agevolmente. La mangiatoia, appoggiata al pavimento della corsia di alimentazione, deve essere costruita preferibilmente con materiale zincato, in modo da renderne possibile la pulizia con un veloce colpo di scopa.
A una delle pareti della stalla (nel progetto di pag. 35 è quella di fronte alla mangiatoia) è utile fissare una rastrelliera in legno, che durante la giornata andrà sempre mantenuta piena di fieno per evitare le competizioni fra animali quando viene somministrato il foraggio.
Sul pavimento della **zona di riposo** va predisposta una lettiera permanente di paglia: quotidianamente o al bisogno si aggiunge paglia pulita che, mescolandosi con le feci delle capre, garantisce agli animali un'area calda e confortevole, oltre a permettere una corretta fermentazione (la temperatura del processo è sfavorevole al proliferare di parassiti e patogeni in genere). È conveniente anche prevedere in questa zona la presenza di una porta di accesso

per un mezzo meccanico dotato di pala o forca, utile per i lavori di pulizia da effettuarsi almeno tre volte all'anno: nel periodo di asciutta degli animali (ottobre-novembre), per garantire una lettiera nuova e pulita ai capretti che nasceranno; in primavera, dopo gli ultimi parti; in estate (luglio-agosto).
Infine, per evitare sprechi di acqua, occorre scegliere un **sistema di abbeveraggio** a tazza, collegato all'impianto idrico aziendale.

Corsia di alimentazione. La corsia di alimentazione, larga 2,5 metri, serve per portare in stalla e depositare nelle mangiatoie i diversi alimenti con un mezzo meccanico. Questo spazio è indispensabile per evitare di dover provvedere giornalmente al rifornimento del foraggio che serve per le capre, considerando che in inverno il consumo supera i 50 kg al giorno. Per l'accesso alla stalla occorre includere nel progetto una porta di ingresso abbastanza larga da consentire il passaggio di un trattore.

Infermeria. È uno spazio da ricavare di fronte alla zona riservata alle capre adulte, separato da questa dalla

A Mangiatoia in materiale zincato appoggiata al pavimento della corsia di alimentazione.
B Una rastrelliera in legno sempre rifornita di fieno evita che le capre entrino in competizione durante la somministrazione del foraggio.

corsia di alimentazione. L'infermeria serve per garantire alle capre bisognose di cure un'ambiente tranquillo, dove rimanere fino alla guarigione. Qui, le capre malate, e separate dal resto del gregge, non vengono disturbate, soprattutto durante la somministrazione degli alimenti. Basta un semplice **box di circa 5 metri quadrati** dotato di una rastrelliera e di un abbeveratoio a tazza.

Box per il deposito dei mangimi. Questo locale si destina allo stoccaggio dei sacchi di mangime e cereali e di tutte le attrezzature necessarie per la somministrazione (secchi, palette ecc.). La comodità di avere in stalla il mangime è impagabile, ma occorre stare molto attenti a garantire una chiusura del box... a prova di capra.

Zona mungitura. È l'area, con annesso recinto con tettoia, dedicata alle due mungiture giornaliere. È dotata di un palchetto a quattro posti con rampetta di accesso e di discesa. Conviene prevedere anche un'**autocattura** (per immobilizzare le capre) **con piccola mangiatoia**, in modo che gli animali durante la mungitura siano impegnati a mangiare. La mungitura si può eseguire a mano o utilizzando un impianto di mungitura portatile su carrello.

Fienile. Tale struttura deve essere ricavata in un zona facilmente raggiungibile dai mezzi agricoli, in modo da favorire lo scarico del fieno, ma al tempo stesso essere anche vicino alle strutture di stabulazione degli animali affinché sia agevole il trasporto del fieno in stalla. Può essere anche al piano superiore dell'edificio.
Il fienile deve avere un volume di circa **100 metri cubi**, tenendo conto di un consumo medio dell'azienda di circa 150 quintali di fieno all'anno.

LA CAPRETTERIA

Viene così definito il ricovero destinato ai nati in allevamento, con un recinto adiacente di circa 1.000 metri quadrati ricavato nel prato-pascolo. La capretteria deve essere di circa 10 metri quadrati suddivisi in due zone:
- 6 metri quadrati sono riservati all'**allevamento dei capretti** e vi vengono accolti, se avete optato per uno svezzamento

al secchio, una trentina di capretti per circa due mesi, da febbraio ad aprile;
- 4 metri quadrati sono invece riservati alle **capre da rimonta** nate l'anno precedente, che in dicembre verranno inserite nel gregge delle adulte per sostituire le capre più vecchie.

I due ambienti che formano la capretteria sono separati da una parete mobile che all'occorrenza può essere spostata. In un angolo dell'area riservata ai capretti vanno sistemate due lampade a uso zootecnico (necessarie per il riscaldamento nei primi giorni di vita) a un'altezza di circa 70 cm dalla lettiera. Quest'ultima deve essere costituita da un generoso strato di paglia (10 cm circa) da pulire e integrare quotidianamente con paglia pulita.
Il pavimento di ambedue le aree deve avere una leggera pendenza, in modo che le abbondanti urine prodotte possano scolare all'esterno lasciando la lettiera asciutta e pulita. Gli ambienti devono essere inoltre dotati di un abbeveratoio

CAPRETTERIA E RICOVERO DEI 2 BECCHI: VISTA IN PIANTA

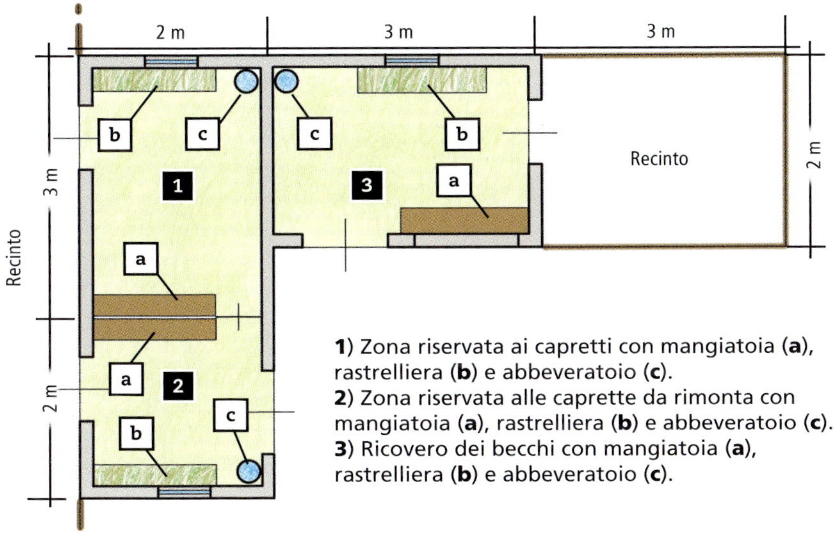

1) Zona riservata ai capretti con mangiatoia (**a**), rastrelliera (**b**) e abbeveratoio (**c**).
2) Zona riservata alle caprette da rimonta con mangiatoia (**a**), rastrelliera (**b**) e abbeveratoio (**c**).
3) Ricovero dei becchi con mangiatoia (**a**), rastrelliera (**b**) e abbeveratoio (**c**).

La capretteria andrà dotata di lampade a uso zootecnico (come quella *nella foto*) per mantenere al caldo i capretti durante i primi giorni di vita.

a tazza, posto a circa 50 cm di altezza per impedire che gli animali possano sporcare l'acqua con le feci. Perché le capre riescano a raggiungere l'abbeveratoio, basta realizzare un gradino con una pedana in legno.
Le mangiatoie e le rastrelliere vanno invece appese lungo un lato del ricovero.

IL RICOVERO PER I BECCHI

Come abbiamo spiegato a pagina 29, i due becchi vanno introdotti nel gregge in agosto dove rimarranno fino a febbraio-marzo. Nei mesi di separazione devono essere alloggiati in una **struttura** esterna **indipendente, luminosa, ben aerata e abbastanza spaziosa** da permettere agli animali un po' di movimento e dotata di un piccolo spazio recintato aperto di circa 6 metri quadrati. Anche in questo ricovero sono previsti una mangiatoia e un abbeveratoio a tazza, che deve garantire la disponibilità di acqua sempre fresca e pulita. Una soluzione comoda è quella di dotare la struttura di una porta chiudibile dall'esterno con un chiavistello. Anche la rastrelliera è bene che sia accessibile dall'esterno, in modo che la somministrazione del foraggio risulti facilitata.

Esempio di ricovero separato per il becco. Sul retro è ricavato un piccolo recinto di circa 6 metri quadrati.

TRASPORTO E INSERIMENTO IN AZIENDA

Dopo aver progettato e realizzato le strutture idonee per la quantità di capre rispondente alle vostre esigenze, vediamo i principali avvenimenti che segnano la vita dei giovani animali acquistati: dal trasporto all'arrivo in azienda, all'ambientamento in stalla e al pascolo.

Come abbiamo visto nei precedenti capitoli, il consiglio è di iniziare l'allevamento con un gruppo di capre novelle (cioè capre giovani, più idonee all'inserimento all'interno di un allevamento) da portare a casa di norma nei mesi di luglio-agosto, una volta che sono state svezzate. Così facendo si ha la possibilità di prendere familiarità con gli animali e di non dover affrontare fin da subito tutti i lavori che la presenza di un gregge di capre, ancorché piccolo, comporta.
Nel corso delle prime settimane è importante creare un ambiente il più somigliante possibile a quello dell'allevamento di provenienza, mantenendo tra l'altro inalterati il tipo di alimenti, le modalità di somministrazione e le ore dei pasti ai quali gli animali erano stati abituati.
Solo con il tempo potrete cambiare – sempre in modo graduale – le abitudini delle giovani capre per adattarle alle esigenze aziendali.

Iniziare l'allevamento con un gruppo di capre novelle, da acquistare una volta svezzate (di norma nei mesi di luglio-agosto), consente di prendere gradualmente familiarità con gli animali e di non dover affrontare subito tutti i lavori.

LA PREPARAZIONE DELLA STALLA

Nei giorni precedenti l'arrivo delle capre preparate la struttura adibita a stalla pulendola accuratamente e lasciando porte e finestre aperte, in modo che aria e sole possano penetrarvi, sanificando ulteriormente l'ambiente.
Abbiate però cura di predisporre delle barriere alle porte, per impedire l'accesso ad altri animali che potrebbero vanificare il lavoro di pulizia. All'interno della stalla ricordatevi di distribuire **un'abbondante lettiera di paglia** (*vedi* pag. 28) e di rifornire di fieno grossolano (primo taglio) la rastrelliera; abbiate cura inoltre di verificare il buon funzionamento degli abbeveratoi.

IL TRASPORTO DEGLI ANIMALI

Se vi è possibile **recatevi personalmente presso l'allevamento di provenienza** degli animali, in modo da curare al meglio il trasporto degli stessi nella vostra azienda.
Il cambio di ambiente è infatti per le capre molto stressante e rendere il trasporto il meno traumatico possibile agevola il loro inserimento. In particolare:
- il mezzo di trasporto deve essere dotato di aperture per la circolazione dell'aria, ma questa non deve colpire direttamente gli animali;
- il pavimento del mezzo di trasporto non deve essere scivoloso ed è meglio se viene coperto di paglia;
- conviene viaggiare nelle ore fresche della giornata, meglio ancora di notte, in modo che la temperatura sul mezzo di trasporto non sia eccessiva;
- se il viaggio supera le tre ore fermatevi per far abbeverare gli animali e verificare che tutto sia a posto.

I PRIMI GIORNI IN STALLA

Una volta arrivati in azienda liberate gli animali all'interno della stalla, favorendo l'accesso al recinto esterno perché possano muoversi liberamente anche all'aperto; in questo modo usufruiranno per qualche ora al giorno della benefica luce solare, che favorisce l'accrescimento dello scheletro e il deposito di calcio nelle ossa.
Il primo e il secondo giorno somministrate agli animali solo fieno. A partire dal terzo giorno cominciate a mettere

1 Il primo e il secondo giorno dopo l'arrivo in azienda somministrate alle capre solo fieno. 2 A partire dal terzo giorno cominciate a distribuire nella mangiatoia il mangime in uso presso l'allevamento di provenienza suddividendolo in due pasti giornalieri alle dosi a cui gli animali erano precedentemente abituati.

a loro disposizione anche il mangime in uso presso l'allevamento di provenienza (due pasti giornalieri alle dosi a cui gli animali erano abituati). È importante **non cambiare bruscamente le abitudini alimentari** degli animali per non causare ulteriori stress e per abituare gradualmente la flora presente nel rumine alla razione alimentare che sarà somministrata in seguito.

Durante la prima settimana non consentite alle caprette un accesso libero al pascolo. Lo farete solo dopo che si saranno adattate alla nuova realtà, ambientandole gradualmente allo spazio esterno: all'inizio per poche ore al giorno, nel pomeriggio, dopo aver verificato che abbiano assunto buone quantità di fieno.

Ricordiamo che la struttura della stalla deve avere un accesso diretto al pascolo, in modo che gli animali possano liberamente scegliere se rimanere all'aperto o riposare in stalla.

DOPO UNA SETTIMANA

Dopo circa una settimana dall'arrivo degli animali potete iniziare a miscelare il **mangime da voi preparato** (una miscela di 3 parti di mais in granella o fioccato e 7 parti di

Per accertarvi che gli animali non risentano del cambio di alimentazione, controllate giornalmente lo stato delle feci, che devono presentarsi come palline rotonde, leggermente umide e staccate tra loro.

La stalla deve avere un accesso diretto al pascolo, in modo che le capre possano liberamente scegliere se rimanere all'aperto o riposare in un ambiente riparato.

mangime da svezzamento pellettato) con quello in uso nell'allevamento di provenienza. Per animali del peso di 20-25 chilogrammi una razione corretta prevede la somministrazione di 400 grammi al giorno (in due pasti) della miscela appena descritta e, a volontà, fieno di ottima qualità.
Ricordatevi di controllare giornalmente lo **stato delle feci**, che devono presentarsi come palline rotonde, leggermente umide e staccate tra loro. Nel caso dovessero mostrarsi molli o aggregate tra loro, cessate per qualche giorno la somministrazione della miscela appena descritta, lasciando a disposizione degli animali solo fieno e acqua. Solo dopo che la situazione sarà tornata alla normalità riprendete gradualmente l'integrazione di mangime.

DAL PRIMO MESE IN POI

Una volta introdotti gli animali in azienda, cercando di farli adattare il più gradualmente possibile alla nuova realtà, vi dovete dedicare al loro corretto sviluppo, tenendo conto che in questa fase **un accrescimento** soddisfacente è **di circa 3 kg al mese**. Vi suggeriamo di procurarvi una semplice bilancia pesapersone da tenere in stalla e di verificare il peso di ciascun animale ogni quindici giorni.
A fine agosto gli animali dovrebbero pesare all'incirca 30 kg e potrebbero iniziare a comparire i primi calori. È bene a questo punto togliere il becchetto o i becchetti dal gregge, spostandoli nel loro ricovero ricavato nella capretteria, per evitare che qualche capretta particolarmente precoce pos-

sa rimanere gravida in una fase della crescita non ancora propizia al corretto sviluppo del feto e della madre stessa.
Alcuni allevatori fanno accoppiare le giovani capre in ottobre-novembre; vi consigliamo comunque di evitare l'accoppiamento prima che le femmine abbiano raggiunto i 35 kg di peso o il 60% del peso di un animale adulto. Altri preferiscono far crescere gli animali di nuovo acquisto con tutta calma, evitando l'accoppiamento, in modo che il loro sviluppo corporeo non subisca rallentamenti a causa della gravidanza.
La seconda scelta – che qui vi consigliamo e che prenderemo in considerazione nelle prossime pagine – vi consentirà di prendere confidenza con gli animali, di conoscere le loro abitudini ed esigenze e di consolidare la nuova attività di allevamento.
Gli **accoppiamenti** avverranno, in questo secondo caso, nel periodo estivo dell'anno successivo all'acquisto.

Per tenere sotto controllo il peso delle capre, tenete in stalla una semplice bilancia pesapersone. La pesata si effettua ogni quindici giorni, tenendo l'animale in braccio e sottraendo poi il proprio peso a quello registrato dalla bilancia.

GLI INTERVENTI VETERINARI

In questo primo periodo, seguendo le indicazioni fin qui fornite, non dovrebbero verificarsi grossi problemi sanitari. Ricordatevi però di chiedere informazioni all'allevatore da cui acquistate gli animali riguardo alle **vaccinazioni contro la clostridiosi e la clamidiosi**, due malattie di origine batterica che causano rispettivamente gravi enteriti con possibile morte degli animali e aborti, e che tratteremo dettagliatamente parlando di malattie (*vedi* pag. 102).
Mettete eventualmente in contatto il vostro veterinario con l'allevatore in modo che possiate continuare, con i tempi e le modalità corrette, gli **interventi di prevenzione** già iniziati sugli animali.

DAGLI ACCOPPIAMENTI AL PARTO

È bene far accoppiare le caprette novelle introdotte in stalla nell'estate dell'anno successivo all'acquisto, evitando così problematiche dovute a gravidanze precoci.

Dopo l'introduzione del becco nel gregge, occorrerà prendere nota delle date degli accoppiamenti per organizzarsi al meglio in previsione dei parti.

Dedichiamo questo capitolo ai consigli su come affrontare gli accoppiamenti – che avvengono nel periodo estivo dell'anno successivo all'acquisto e a cui si dà inizio con l'introduzione del becco nel gregge – e soprattutto il delicato momento dei parti.

L'ACCOPPIAMENTO

La capra è un animale **poliestrale stagionale**, cioè manifesta più volte l'estro (calore) durante la stagione riproduttiva. La comparsa dei calori è influenzata, oltre che da fattori come lo stato di salute, l'alimentazione e l'età e l'effetto maschio (introduzione nel gregge del becco), anche e soprattutto dal fotoperiodo, cioè dal rapporto tra ore di luce e ore di buio durante la giornata. La **stagione delle monte** (durante la quale la femmina accetta il maschio) è ben definita e si colloca nel periodo estivo-autunnale, cioè quando le ore di luce diminuiscono gradualmente.
Nelle capre le **manifestazioni del calore** sono bene evidenti: oltre all'arrossamento della vulva, da cui fuoriesce un liquido mucoso, le capre mostrano irrequietezza, si montano l'una con l'altra e urinano di frequente. Dal canto suo il becco, nello stesso periodo, inizia a emanare un forte odore acre. Nel nostro caso, trattandosi di un gruppo di capre novelle,

l'**introduzione del becco nel gregge** avviene nell'estate dell'anno successivo a quello dell'acquisto, quando gli animali hanno raggiunto uno sviluppo corporeo ottimale.
Prima dell'introduzione nel gregge, il becco deve essere bene alimentato (si somministrano 100 grammi a pasto di granella di avena in aggiunta alla razione). Infatti, nei primi giorni il maschio è più interessato ai corteggiamenti che al cibo e, vista la notevole attività fisica a cui sarà sottoposto, potrà perdere parecchio peso.
Il becco deve essere di costituzione forte, con un'ampia cassa toracica (caratteristica che indica grande capacità di ingestione di alimenti), con arti posteriori robusti che gli permettano di accoppiarsi agevolmente.
Un buon **rapporto tra maschi e femmine** è di un maschio ogni 20 femmine, ma conviene tenere in azienda anche un maschio di scorta per ovviare a inaspettati inconvenienti come infortuni o morte del becco prescelto. Se il becco è già

Un buon becco deve presentare costituzione forte, un'ampia capacità toracica e arti posteriori robusti. *Nella foto*, maschio durante una fase del corteggiamento.

esperto, in poco tempo monta e feconda tutte le femmine del gregge. A tale proposito è molto importante **segnare le date degli accoppiamenti** per potersi organizzare al meglio nel periodo dei parti (si può infatti prevedere la data del parto calcolando circa 150 giorni dopo l'accoppiamento).

LA GESTAZIONE

Terminato il periodo degli accoppiamenti – che dura solitamente uno-due mesi –, occorre vigilare che non ci sia un continuo ritorno in calore delle capre, segnale che il maschio potrebbe avere problemi riproduttivi (sia cioè sterile); in tal caso è opportuno introdurre un altro becco.
L'avvenuta fecondazione delle femmine può comunque essere accertata dal veterinario con un'ecografia al secondo mese di gestazione; quest'ultima durerà dai 145 ai 155 giorni. Dal terzo mese di gestazione si inizia a notare un aumento delle dimensioni del ventre delle capre.
Il quinto mese si ingrossano anche le mammelle, segno che il momento del parto si sta avvicinando.

IL PARTO

Se gli accoppiamenti hanno dato buon esito, a partire da gennaio inizia il periodo dei parti. In questo delicato intervallo di tempo è bene fare in modo di **essere presenti in azienda il più possibile**, effettuando visite frequenti alla stalla nel momento di maggior concentrazione dei parti.

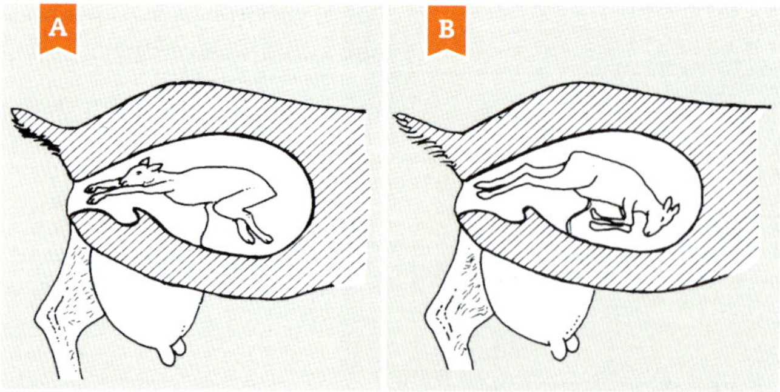

Posizioni corrette del capretto al momento del parto

A Presentazione anteriore: zampe anteriori in avanti e musello (parte anteriore del muso) all'altezza del ginocchio.
B Presentazione posteriore: zampe posteriori parallele in avanti.

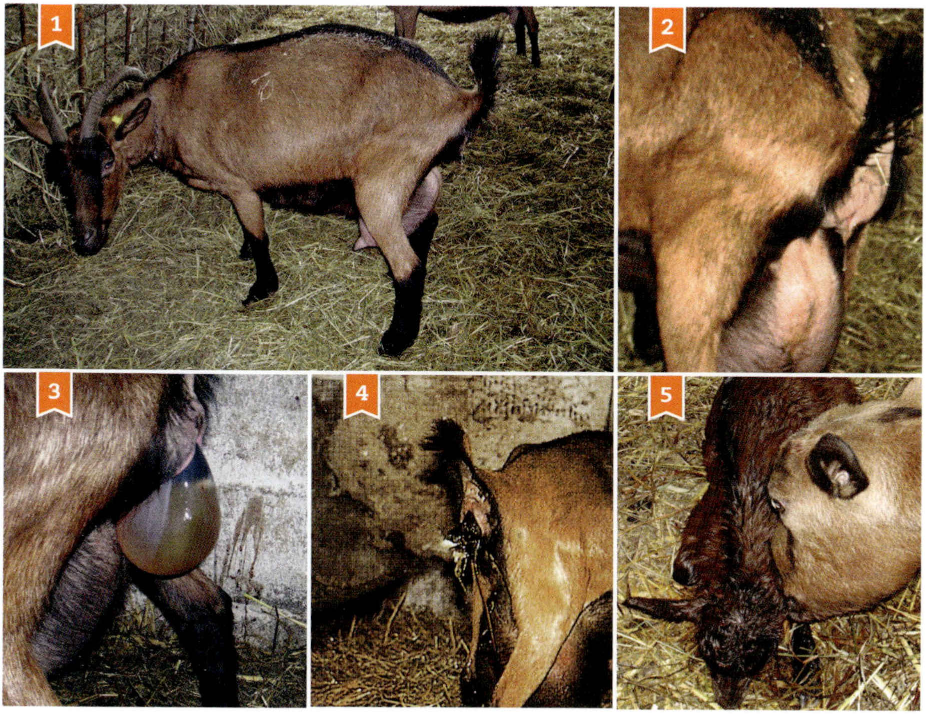

Alcune fasi del parto

1 A ridosso del parto la capra è irrequieta e inizia a scavare con gli arti anteriori la lettiera per crearsi una sorta di cuccia. 2 Dalla vulva arrossata fuoriesce muco bianco-giallastro. 3 Dopo la rottura della prima borsa delle acque, compare esternamente la seconda borsa delle acque al cui interno si intravvedono gli unghielli del capretto. 4 La borsa si rompe, le spinte si fanno sempre più forti e frequenti fino a che – nella presentazione anteriore (la più frequente, *vedi* il disegno A nel riquadro a pag. 48) – compare la testa del capretto. 5 A questo punto in genere il capretto viene espulso agevolmente.

Il capretto o i capretti (i parti gemellari o trigemini sono frequenti dal secondo parto in avanti) si sviluppano nella cavità addominale all'estremità di un tunnel rigido, l'utero, che nelle ore in prossimità del parto si affloscia per l'intervento di ormoni specifici.

A ridosso del parto la capra si mostra irrequieta e inizia a scavare la lettiera con gli arti anteriori, per crearsi una sorta

di cuccia (in questo periodo è fondamentale distribuire ogni giorno abbondante paglia). Dalla vulva arrossata fuoriesce un muco bianco-giallastro, mentre le mammelle si presentano turgide e arrossate e dai capezzoli possono scendere le prime gocce di colostro (è il primo liquido secreto della mammella, *vedi* pag. 52).
All'inizio della **fase espulsiva** il capretto deve attraversare la cintura pelvica, costituita dalle ossa del bacino, e dopo essere passato dalla cervice (collo dell'utero) giunge nella vagina. A questo punto compare esternamente la **prima borsa delle acque**, un sacchettino della grandezza di una grossa arancia che rompendosi fa fuoriuscire un liquido trasparente, indispensabile per lubrificare il canale del parto e facilitare l'espulsione del capretto.
A seguire, le spinte si fanno sempre più forti e frequenti fino a che compaiono gli unghielli (cioè la punta degli zoccoli) all'interno della **seconda borsa delle acque** e subito dopo, nella presentazione anteriore (la più frequente), la testa del capretto. A questo punto anche le spalle hanno attraversato la cintura pelvica e il capretto viene espulso agevolmente.
Il parto può considerarsi concluso con il **secondamento**, cioè con l'espulsione della placenta. Talvolta la placenta rimane penzoloni senza essere espulsa completamente: in questo caso, con le mani pulite, la si può tenere in trazione, afferrandola nel punto più vicino alla vulva, per poi sfilarla lentamente.
Nel dubbio che porzioni di placenta siano rimaste nella cavità uterina, occorrerà in seguito effettuare due lavaggi al giorno con una soluzione di acqua e tintura di iodio al 3% (30 ml per litro di acqua) introducendo il liquido con una siringa privata dell'ago attraverso la rima vulvare. Qualora la placenta non venga espulsa occorre contattare il veterinario.

Qualora non avvenga spontaneamente il ***secondamento***, cioè l'espulsione della placenta, occorre richiedere l'immediato intervento veterinario.

L'assistenza al parto

Solitamente la capra partorisce alle prime ore dell'alba o nel primo pomeriggio. Quando si entra nella stalla occorre farlo il più silenziosamente possibile per **non disturbare l'animale**, rischiando di interrompere l'eventuale travaglio. Dopo aver lavato accuratamente le mani e tagliato le

unghie, alla comparsa degli unghielli occorre verificare con le dita la corretta posizione del capretto: zampe anteriori in avanti e musello (parte anteriore del muso) all'altezza del ginocchio, oppure zampe posteriori parallele in avanti. In caso di presentazione anomala conviene chiamare tempestivamente il veterinario.
Dopo aver verificato la corretta posizione del capretto, non bisogna intervenire: si lascia che l'animale partorisca in tranquillità, con i tempi che la natura ha scelto.
Solo nel caso in cui la fase espulsiva dovesse prolungarsi troppo (oltre la mezz'ora), rischiando di affaticare eccessivamente la capra, si può stimolare con le dita la rima vulvare e i capezzoli provocando così una liberazione, nel circolo sanguigno dell'animale, di ossitocina (uno degli ormoni implicati nel parto che induce le contrazioni della muscolatura uterina). Successivamente si possono afferrare con le dita gli unghielli e tirare delicatamente il capretto.

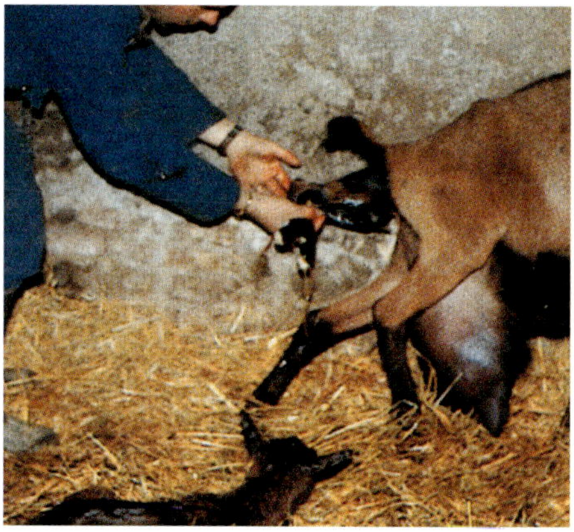

Se la fase espulsiva si prolunga più del normale, si può intervenire afferrando con le dita gli unghielli e tirando delicatamente il capretto.

LE PRIME CURE AL CAPRETTO

Dopo la nascita occorre verificare che il capretto sia vitale (respira ed emette belati) e, con le dita, asportare dalla sua bocca e dal suo naso eventuali liquidi fetali che gli impediscano la corretta respirazione.
Se il parto è stato particolarmente prolungato e difficile, talvolta il capretto necessita di una vera e propria rianimazione. A questo scopo occorre afferrarlo per le zampe posteriori e farlo oscillare due-tre volte avanti e indietro in modo che l'afflusso sanguigno stimoli i centri della respirazione. Se anche questo gesto manuale non produce effetti, si rende necessario soffiare forte nelle narici e in bocca al capretto, praticando una sorta di respirazione bocca a bocca. Successivamente occorre provvedere ad **asciugare il capretto** con degli stracci puliti e a **disinfettare il cordone**

ombelicale immergendo il moncone rimasto, per un paio di secondi, in un bicchierino riempito con tintura di iodio oppure utilizzando uno spray disinfettante.
Da questo punto in poi sarà la madre a occuparsi del figlio: basta solo vigilare che il capretto assuma il **colostro** (è il primo latte di colore giallastro prodotto da tutte le femmine dei mammiferi) entro un paio di ore. È molto importante che ciò avvenga in quanto questo latte speciale contiene un elevatissimo numero di anticorpi che proteggeranno l'animale finché non sarà in grado di produrli da sé. Inoltre, il colostro è un efficace lassativo, che facilita l'eliminazione del contenuto intestinale con il meconio (le prime feci) che è di colore scuro e dalla consistenza pastosa.
È fondamentale quindi che il capretto riesca ad attaccarsi alla mammella il più rapidamente possibile anche perché gli anticorpi vengono assorbiti solo nelle prime ore di vita, dopo di che la mucosa dello stomaco restringe i suoi pori e gli anticorpi, essendo di dimensioni relativamente "elevate", non vengono più assorbiti.
Vista l'importanza dell'assunzione del colostro, per evitare che qualche capretto rimanga senza in seguito a problemi accorsi alla madre, dalle capre che partoriscono per prime conviene mungere il colostro ancora presente dopo che il loro capretto ne avrà assunto a sufficienza. Per conservarlo basta **congelarlo in porzioni da 100 millilitri**, che all'occorrenza vanno riscaldate a bagnomaria (a 40 °C) e somministrate con un biberon, al capretto che ne necessiti, ogni 3 ore per 3-4 volte.

LE CURE ALLA MADRE

Una volta prestate le prime cure ai capretti, occorre dedicarsi alla partoriente, garantendole la presenza di acqua e fieno in mangiatoia. Non bisogna allarmarsi se la neomamma non mangia per qualche ora, in quanto dopo il parto si può verificare un periodo di inappetenza.
Se il travaglio è stato particolarmente lungo e faticoso può giovare la somministrazione di una **bevanda tiepida** a base di acqua, aceto e zucchero (600 ml di acqua, 150 ml di aceto e 2 cucchiai di zucchero) con una bottiglia a collo lungo direttamente in bocca all'animale. Si devono inoltre somministrare circa 300 grammi a pasto di mangime o cereali.

LO SVEZZAMENTO DEI CAPRETTI

Dopo la nascita i capretti possono essere lasciati con le madri che li allattano e accudiscono, oppure venire allattati artificialmente con latte in polvere. In entrambi i casi lo svezzamento viene concluso in otto settimane. L'allattamento naturale, che consigliamo nel caso del piccolo allevamento familiare, comporta meno lavoro per l'allevatore, ma impone una maggior cura igienica.

Per organizzare al meglio l'allevamento delle capre, già prima del periodo dei parti una delle prime scelte da compiere riguarda la modalità di allattamento dei capretti che si pensa di adottare. L'allattamento infatti può essere:

- **naturale**, quando si lasciano i capretti con le madri, che li allattano e accudiscono;
- **artificiale**, quando i capretti vengono separati dalle madri subito dopo la nascita e allattati dall'allevatore con latte in polvere.

Una valida alternativa può poi essere lo svezzamento sotto madre controllato (*vedi* riquadro a pag. 54).

Qualunque sia il tipo di allattamento che si adotterà, i capretti vanno svezzati, cioè resi indipendenti dal latte e in grado di alimentarsi di foraggio e mangime, intorno alle otto settimane di vita.

Lo svezzamento dei capretti può avvenire con l'allattamento naturale, artificiale oppure "sotto madre".

LO SVEZZAMENTO SOTTO MADRE

Lo svezzamento sotto madre può essere una **valida alternativa** quando ci si trova a scegliere tra allattamento naturale o artificiale.
I **vantaggi** sono diversi:
- si rispetta il benessere animale eliminando lo stress da separazione per madri e figli;
- si ottengono dei vantaggi sanitari, visto che le scelte gestionali che rispettano le caratteristiche di specie contribuiscono al processo di salutogenesi spesso dimenticato negli allevamenti zootecnici;
- si può iniziare da subito la mungitura senza privarsi del reddito derivante dalla vendita o trasformazione del latte.

Il metodo prevede di lasciare i piccoli ininterrottamente con la madre per i **primi 10 giorni di vita.** Dopodiché di notte verranno posti in un box all'interno della stalla dotato di lampade a infrarosso (se le temperature lo richiedono), abbeveratoio, mangiatoie e rastrelliere per il fieno e un'uscita a misura di capretto con chiusura a ghigliottina.
L'allevatore al mattino mungerà le capre e, dopo averle fatte opportunamente alimentare, rimetterà i capretti con il gregge per l'intera giornata durante la quale potranno stare con le madri. Alla sera all'orario prestabilito le mamme andranno munte regolarmente.
Raggiunto circa il **mese di vita** i capretti staranno tutto il giorno nel box a loro dedicato, rimanendo con le madri per l'allattamento programmato inizialmente tre volte al giorno per circa 10 minuti e poi due volte al giorno fino a quando non avranno raggiunto il peso di 15-16 kg e potranno essere completamente svezzati.

Con l'allevamento sotto madre, di notte i capretti stanno in un box a loro riservato e raggiungono la madre la mattina, dopo che è stata munta.

LA SCELTA DEL TIPO DI ALLATTAMENTO

Nella scelta del tipo di allattamento la regola è quella di adottare il **metodo che più si addice all'organizzazione dell'allevamento**, tenendo comunque presente che sostituirsi a una madre è spesso un compito molto difficile e che per il benessere degli animali sarebbe sempre da preferire l'allattamento "naturale".

La scelta tra allattamento naturale o artificiale va fatta con ampio anticipo, così da organizzare poi il proprio lavoro e la stalla di conseguenza.

Ricordiamo che l'allattamento "artificiale" viene utilizzato soprattutto nei grossi allevamenti da latte, nei quali la contemporanea presenza in stalla di centinaia di capretti comporta difficoltà di gestione, qualora vengano lasciati con le madri.

Dedichiamo comunque spazio anche alle tecniche da mettere in atto per svezzare i capretti allattati artificialmente. La scelta di questo tipo di allattamento può infatti risultare talvolta utile anche in piccole realtà aziendali. Le motivazioni possono essere per esempio di ordine sanitario, come nel caso di una delle malattie più note in ambito caprino – la Caev, di cui parleremo a pagina 104 – che è trasmessa da madre a figlio con l'assunzione di latte. In questo caso per

Sostituirsi alla madre non è un compito facile per l'allevatore; inoltre, per il benessere degli animali è sempre preferibile l'allattamento naturale.

cercare di arginare la diffusione della malattia nel gregge è utile allattare i capretti artificialmente.
C'è inoltre da tenere presente che nell'allevamento caprino tutte le capre vengono contemporaneamente "asciugate" (cioè se ne sospende la mungitura) in autunno, circa nove mesi dopo il parto e, di conseguenza, dai primi di novembre non c'è più latte a disposizione.
Con l'adozione dell'allattamento naturale (con il quale il latte viene destinato ai capretti) questa mancanza si prolungherebbe fino a marzo; in questo lasso di tempo non sarebbe possibile la trasformazione del latte con ovvi danni economici per l'attività del caseificio. Non riteniamo però che questo sia il caso del piccolo allevamento a conduzione familiare che proponiamo in queste pagine, allevamento nel quale il caseificio fornisce solo un'integrazione al reddito e non costituisce l'attività principale dell'azienda.

L'ALLATTAMENTO NATURALE

Quello naturale è il tipo di allattamento che comporta meno lavoro per l'allevatore, ma che impone la massima attenzione dal punto di vista igienico per la promiscuità tra animali giovani e adulti.

Prima settimana. Madri e capretti vengono alloggiati nel settore della stalla a loro destinato (*vedi* lo schema della capretteria a pag. 39), settore che deve essere provvisto di un'abbondante lettiera integrata con paglia pulita ogni giorno. Dopo aver verificato che il capretto abbia assunto correttamente il colostro (*vedi* pag. 52), il compito dell'allevatore è quello di sorvegliare ogni giorno che la madre si prenda cura della prole. Nei primi giorni, infatti, l'allattamento può non risultare ottimale, soprattutto se la madre allontana il piccolo o scappa quando questo prova a poppare.
Occorre in questi casi verificare subito che la capra non abbia problemi alla mammella; l'insorgenza di una mastite (*vedi* pag. 108) può infatti rendere la poppata dolorosa per la madre, con ovvie conseguenze per l'allattamento.

L'allattamento naturale è meno faticoso per l'allevatore, ma richiede la massima igiene all'interno della stalla.

Svezzamento con allattamento "naturale"

A Prima di ogni poppata il capretto colpisce con vigore la mammella con la testa; in questa maniera stimola la produzione di ossitocina, ormone che facilita la fuoriuscita del latte dal capezzolo. B Per accelerare la fase di svezzamento, dalla terza settimana di vita si può predisporre un piccolo box accessibile solo ai capretti con del mangime da svezzamento disponibile in mangiatoia.

Se invece non sono presenti lesioni mammarie, conviene separare madre e capretto dal resto del gregge isolandoli in un box di 3 metri quadrati, in modo che l'adozione possa avviarsi nel miglior modo, dopo di che sarà possibile riportare gli animali in gruppo.
Noterete con facilità come prima di ogni poppata il capretto colpisca con vigore la mammella con la testa: si tratta di un comportamento che fa parte dell'istinto naturale dei piccoli, i quali in questa maniera stimolano nell'organismo materno la produzione di ossitocina (un ormone che facilita la fuoriuscita del latte dal capezzolo).

Seconda-terza settimana. Dalla seconda settimana di vita i capretti cominciano a interessarsi al foraggio (fieno) che deve essere di ottima qualità e sempre a disposizione. Se si vuole accelerare lo svezzamento, dalla terza settimana di vita si può predisporre un piccolo box, accessibile solo ai piccoli, in cui vi sia del mangime da svezzamento disponibile in mangiatoia. Così facendo, in breve tempo,

Qualunque sia il tipo di allattamento prescelto, lo svezzamento dei capretti si conclude all'ottava settimana dal parto.

tutti i capretti impareranno per imitazione a mangiare la loro razione con voracità.

Ottava settimana. Lo svezzamento si conclude all'ottava settimana di vita dei capretti, quando ormai l'integrazione con il mangime ha raggiunto gradualmente i 200 grammi per capo al giorno. A questo punto le capre vengono munte due volte al giorno e i capretti spostati nella capretteria.

L'ALLATTAMENTO ARTIFICIALE

Malgrado non sia un sistema idoneo all'allevamento familiare, vi sono casi in cui il ricorso all'allattamento artificiale è utile o inevitabile.
È un metodo che richiede una buona specializzazione e organizzazione del lavoro, oltre che una **stalla suddivisa in piccoli box** in cui mantenere gruppi di capretti per fascia di età. I box dei capretti devono essere al riparo da correnti d'aria, dotati di abbondante lettiera pulita e lampade a raggi infrarossi per il riscaldamento (l'ideale è garantire una temperatura intorno ai 20 °C). Per verificare che la temperatura sia corretta basta appoggiare il termometro alla lettiera e alzare o abbassare le lampade a seconda della temperatura rilevata.

Prima-seconda settimana. L'allattamento artificiale inizia subito dopo il parto, con la separazione del capretto dalla madre. Il primo giorno si somministra il colostro più volte a piccole dosi utilizzando un biberon e lasciando i capretti tranquilli sotto la lampada riscaldante a raggi infrarossi. Il secondo e il terzo giorno i pasti di colostro diventano quattro e vengono somministrati con appositi secchi con tettarelle contenenti una miscela dei colostri di tutte le capre presenti in azienda.
Dal quarto giorno di vita il colostro viene sostituito da tre pasti di latte in polvere: ne esistono diversi tipi e occorre accertarsi che si tratti di un latte specifico per ovicaprini, in quanto quelli per vitelli hanno un contenuto di grassi insufficiente per i capretti. Le dosi di diluizione sono ri-

portate sulle confezioni e dipendono dal tipo di concentrazione del prodotto.
Per i primi pasti consigliamo però una concentrazione non superiore ai 100 grammi per litro di acqua, con l'integrazione di 2 cucchiai di yogurt bianco ogni litro di soluzione ottenuta (i batteri utili contenuti nello yogurt colonizzano il tratto intestinale dell'animale).
I fermenti lattici contenuti nello yogurt, colonizzando in modo massiccio il tratto intestinale del capretto, sfavoriscono lo sviluppo di altri batteri presenti (per esempio Escherichia coli e clostridi) che possono causare problemi sanitari.

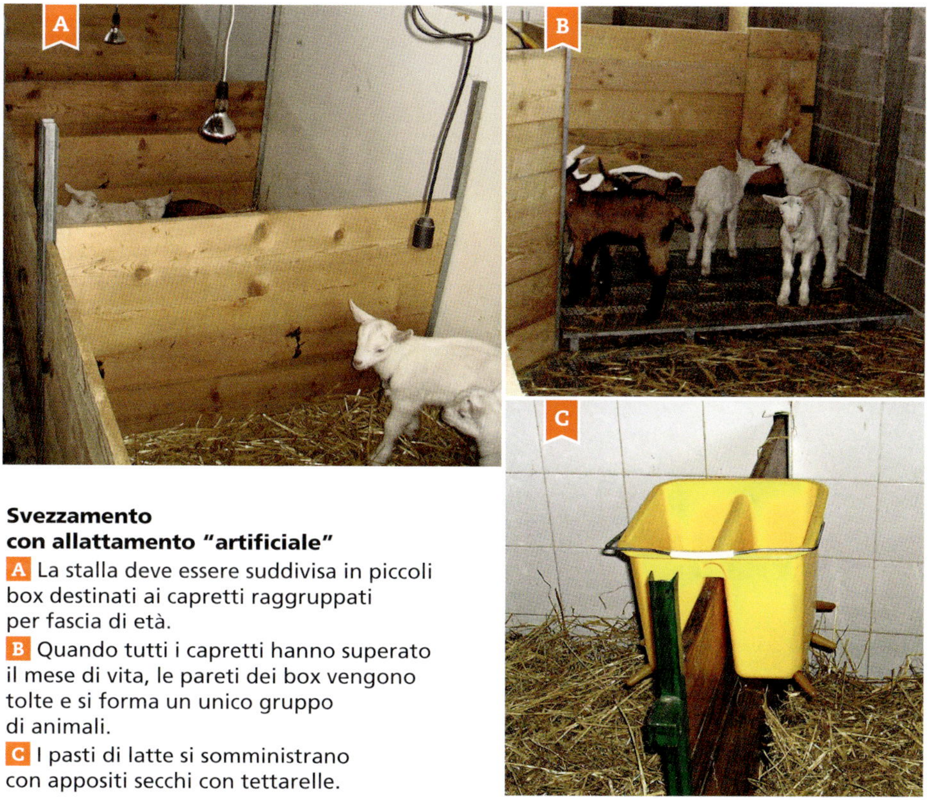

Svezzamento con allattamento "artificiale"

A La stalla deve essere suddivisa in piccoli box destinati ai capretti raggruppati per fascia di età.
B Quando tutti i capretti hanno superato il mese di vita, le pareti dei box vengono tolte e si forma un unico gruppo di animali.
C I pasti di latte si somministrano con appositi secchi con tettarelle.

Dopo l'ottava settimana i capretti si nutrono di mangime di svezzamento e foraggi di ottima qualità.

Terza-settima settimana. A partire dalla terza settimana di vita i pasti diventano due, di solo latte in polvere con l'assunzione di circa 1,5 litri per capo al giorno. Contemporaneamente si inizia a mettere a disposizione degli animali foraggio (fieno) di ottima qualità e dopo qualche giorno un mangime specifico per l'età.

La raccomandazione è quella di fornire il latte sempre alla temperatura corretta, cioè 37 °C, verificandola durante la somministrazione. I maggiori problemi sanitari in questa fase di allevamento si verificano infatti a causa di errori alimentari.

Quando i capretti hanno superato il mese di vita le pareti divisorie tra i box vengono tolte e si forma un unico gruppo di animali.

Ottava settimana. I capretti ormai sono indipendenti dal punto di vista alimentare e si nutrono di mangime da svezzamento (200 grammi per capo al giorno) e foraggio (fieno) di ottima qualità; a questo punto si sospende la somministrazione di latte in polvere. Da questo momento sarà sufficiente verificare attentamente che nei primi giorni dopo lo svezzamento tutti i capretti abbiano imparato bene a bere dagli abbeveratoi.

MUNGITURA E PERIODO DELL'ASCIUTTA

Una volta svezzati i capretti, inizia la fase di mungitura delle capre. Un'operazione che si effettuerà, manualmente o con l'ausilio di un impianto meccanico, ogni giorno, a orari prestabiliti, fino al periodo dell'asciutta autunnale. Qualunque sia il tipo di mungitura scelto, è importante dotarsi di un palchetto con autocattura e mangiatoia.

La mungitura delle capre può essere effettuata a mano o con l'ausilio di un impianto di mungitura meccanico. Quando si allevano pochi capi il consiglio è di mungere manualmente: il tempo impiegato per il lavaggio dell'impianto meccanico (*vedi* riquadro a pag. 67) è eccessivo e non giustifica la comodità derivante da una mungitura meccanica.

La mungitura deve essere fatta due volte al giorno, a orari fissi, rispettando un minimo di 10 ore di intervallo tra un'operazione e l'altra.

Comunque, qualunque sia il tipo di mungitura prescelto, l'importante è dotarsi di un palchetto con autocattura e mangiatoia (*vedi* approfondimento a pag. 71).
Poter mungere in piedi è infatti utile sia al mungitore – che, passando da un animale all'altro, non deve continuare ad alzarsi e abbassarsi – sia all'animale che fruisce della tranquillità dell'operatore che in pochi minuti riuscirà a terminare l'operazione.
Dal punto di vista igienico, inoltre, mungere sollevati da terra fa sì che il secchio del latte non venga appoggiato a terra correndo il rischio di essere contaminato da batteri che potrebbero creare problemi in sede di trasformazione del latte.

DUE MUNGITURE AL GIORNO

La mungitura va effettuata due volte al giorno a **intervalli regolari**. Una volta stabiliti, gli orari non devono essere modificati per non alterare il ritmo di secrezione del latte cui le capre si abituano. L'importante è che tra una mungitura e l'altra non passino più di 14 ore.
Per ottenere un prodotto sano dal punto di vista igienico e adatto a essere trasformato anche crudo (per esempio per produrre formaggi), oltre a una corretta conservazione del latte munto, vanno curate l'igiene ambientale, la salute del gregge e, soprattutto, la pulizia degli impianti e dei secchi. La mungitura rappresenta la fase più importante di questo processo virtuoso, essendo il primo momento in cui si viene in contatto con il latte.
Per verificare la bontà del vostro lavoro potete rivolgervi all'Associazione Regionale Allevatori per essere inseriti nei **protocolli per il controllo funzionale del latte** in modo che, almeno una volta al mese, possa essere eseguita un'analisi sul latte prodotto; in alternativa potete eseguire voi stessi il prelievo e rivolgervi a laboratori privati, richiedendo un'analisi almeno sulla carica batterica totale e sul contenuto in cellule somatiche.
Prima di iniziare a mungere occorre controllare se la vasca di refrigerazione contiene ancora latte dalle mungiture precedenti e, nel caso, verificarne lo stato di conservazione. È anche importante verificare che la temperatura di conservazione sia quella prevista. Qualora invece la vasca di refrigerazione sia vuota, basterà assicurarsi che sia stata lavata e risciacquata accuratamente.
Una volta radunati gli animali in sala di attesa, che pulirete dopo ogni mungitura, riempite le mangiatoie in stalla con foraggio appetibile, in modo che gli animali, dopo la mungitura, invogliati da un alimento gradito, non si corichino sulla lettiera quando ancora il dotto del capezzolo è pervio con il rischio di andare incontro a possibili infezioni della mammella.
Prima di preparare l'impianto di mungitura, lavatevi accuratamente le mani e, posizionato correttamente l'animale, verificate che la mammella non presenti problematiche particolari (rigonfiamenti, traumi) e procedete con la **raccolta dei primi schizzi di latte** in un bicchierino di un colore che permetta un contrasto visivo del latte. Se colore e

ORGANIZZAZIONE DEL PERCORSO PER LA MUNGITURA

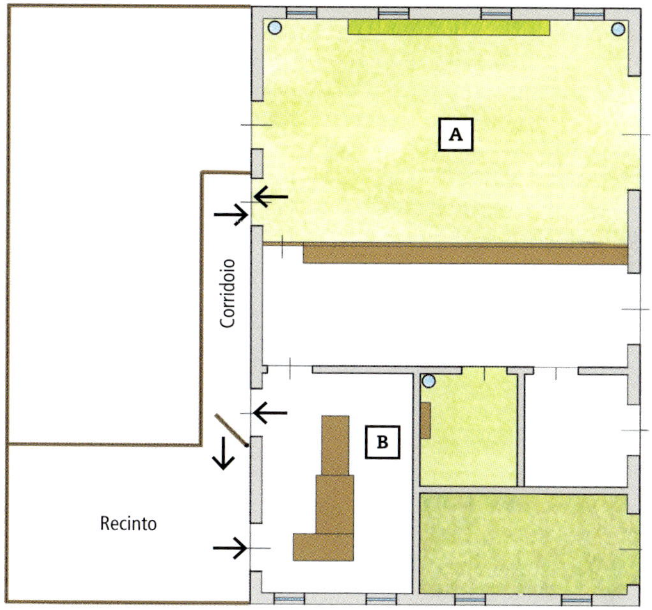

Facendo riferimento al progetto di allevamento per un gregge di 20 capi (*vedi* pag. 32), le capre passano dalla zona di stalla a esse riservata (**A**) al recinto sotto la tettoia che immette alla sala di mungitura dotata di palchetto (**B**); in questa stanza vengono munte a turni di 4 capi alla volta. Le capre munte rientrano in stalla attraverso un'altra apertura, subito sostituite dal successivo gruppo di capre.

fluidità sono corretti, potete iniziare a mungere, altrimenti meglio effettuare il CMT, un semplice test diagnostico (*vedi* riquadro a pag. 64).
Eliminare i primi schizzi di latte è importante anche per altri due motivi: innanzitutto permette di scartare quel latte che, permanendo tra una mungitura e l'altra nel condotto del capezzolo, presenta un contenuto batterico

SE IL LATTE NON CONVINCE

La presenza nel latte di piccoli coaguli addensati o un suo colore non naturale può richiedere qualche accertamento. A questo riguardo esiste un **test diagnostico** di facile utilizzo e basso costo (acquistabile nelle farmacie che trattano prodotti zootecnici), il CMT; la confezione è dotata di una paletta in plastica con quattro scomparti e un liquido reagente. Dopo aver riempito uno dei pozzetti con qualche schizzo di latte, si aggiunge in pari quantità il liquido reagente e si agita con moto rotatorio per circa 20 secondi. Se la soluzione rimane liquida, non ci sono problemi, ma se diventa collosa potrebbe esserci una grave infiammazione della mammella (mastite) e occorrerà allora valutare come procedere (*vedi* pag. 108).

notevolmente alto; inoltre, la stimolazione manuale della mammella provoca la liberazione di ossitocina (30 secondi dopo il primo massaggio), ormone che favorisce la fuoriuscita del latte.
A questo punto si asciuga il capezzolo con della carta a perdere (il lavaggio della mammella nella capra non è necessario) e si inizia con la mungitura vera e propria, manuale o meccanica.

La mungitura manuale

Viene adottata da chi alleva pochi capi (meno di 10), per cui non si giustifica la spesa per l'acquisto di una mungitrice meccanica. Per effettuare la mungitura ci si pone lateralmente o dietro la capra e, afferrando il capezzolo tra pollice e indice, si attua lo svuotamento dello stesso con una pressione ritmata del resto delle dita.
Il latte viene raccolto in un secchio pulito, da svuotare dopo la mungitura di ogni capra. Una volta terminata la mungitura di tutti gli animali, il latte appena munto va filtrato con un filtro usa e getta prima di essere immesso nella vasca di refrigerazione.

La mungitura meccanica

Per le piccole aziende esistono **impianti** di mungitura **portatili** (a carrello), dotati di due coppie di tettarelle collegate

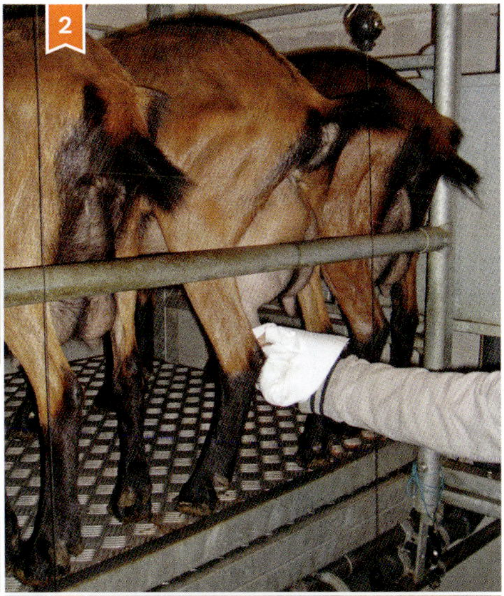

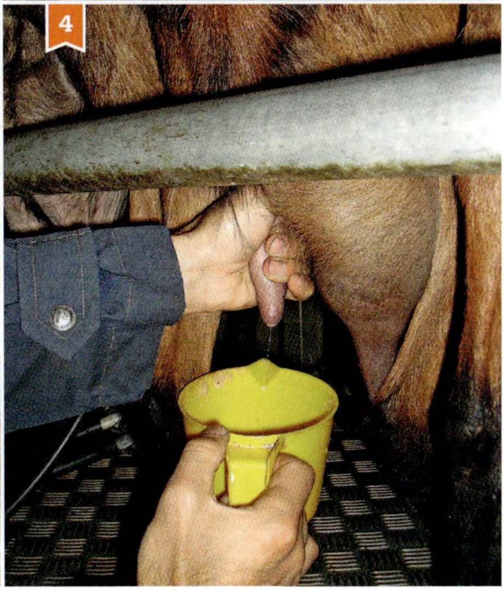

Prima di iniziare la mungitura, si raccolgono i primi schizzi di latte in un contenitore 1 per valutarne colore e fluidità; si procede poi ad asciugare il capezzolo con della carta a perdere 2. Per procedere alla mungitura manuale, ci si pone lateralmente o dietro la capra 3 e, afferrando il capezzolo tra pollice e indice, si attua lo svuotamento dello stesso con una pressione ritmata del resto delle dita 4.

a un secchio del latte, che funzionano con motore elettrico o a carburante.
Una volta preparati gli animali, si procede alla mungitura di tutte le capre in lattazione, lasciando per ultime quelle che eventualmente presentano qualche problema sanitario alle mammelle per evitare il contagio dei soggetti sani. Si deve solo prestare attenzione, dopo l'attacco della tettarella, che il capezzolo sia ben disteso al suo interno. Una volta svuotata la mammella (occorrono dai 3 ai 5 minuti), si staccano le tettarelle sfilandole delicatamente

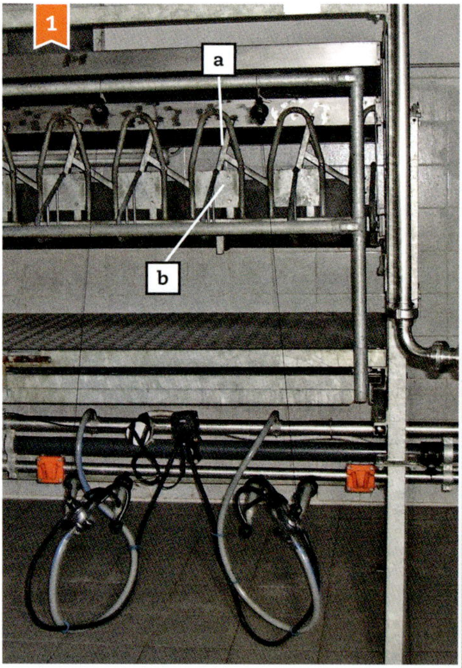

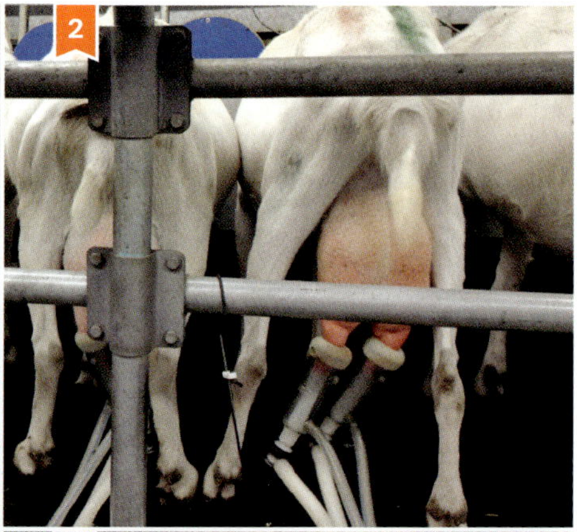

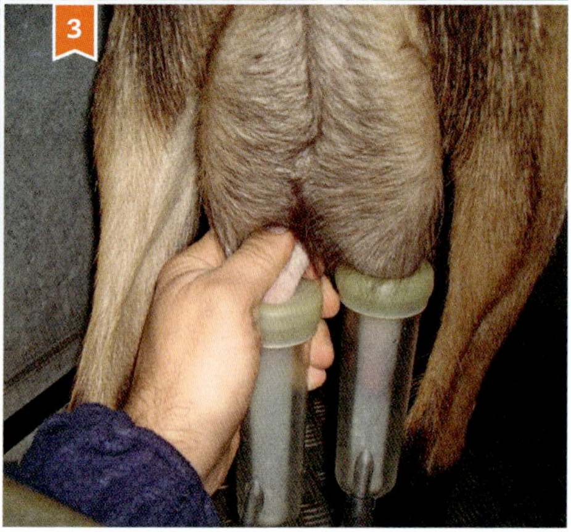

1 Un palchetto di mungitura con autocattura (**a**) e mangiatoia (**b**), indispensabile per effettuare la mungitura meccanica **2**. Al termine dell'operazione andrà staccata la tettarella dal capezzolo **3**.

IL LAVAGGIO DELL'IMPIANTO DI MUNGITURA

Per il corretto lavaggio di un impianto di mungitura a carrello è necessario disporre di **acqua potabile** (se si utilizza quella del pozzo, almeno una volta all'anno va condotta un'analisi microbiologica), un **lavandino** o una bacinella della capienza di 30 litri circa, **detersivi** per impianti di mungitura (non quelli comuni perché hanno un elevato potere schiumogeno e sono più difficili da risciacquare).

Primo lavaggio: una volta riempito il lavandino di acqua fredda, vi si immergono le tettarelle, preventivamente lavate esternamente con un getto d'acqua, e si procede ad aspirare dell'acqua. Terminata l'aspirazione, si agita con forza il bidone e si elimina il contenuto in un pozzetto.

Secondo lavaggio: si riempie nuovamente il lavandino con acqua calda e una dose di detersivo alcalino (attenendosi alle indicazioni riportate sulla confezione), e si procede a un secondo lavaggio. Si scuote nuovamente il bidone del latte e se ne getta ancora il contenuto.

Terzo lavaggio: una terza aspirazione e un terzo lavaggio vengono effettuati con acqua fredda.

Terminate le operazioni di lavaggio, si procede all'**asciugatura** ponendo il gruppo di mungitura e il bidone del latte in un luogo chiuso e riparato.

Lavaggio extra: una volta alla settimana è necessario aggiungere un lavaggio con un detersivo acido, per sciogliere la cosiddetta "pietra del latte", ovvero quella crosta di depositi minerali derivati dal latte e dall'acqua di lavaggio che si formano all'interno dei tubi della mungitrice e che costituiscono un pericoloso ricettacolo di batteri.

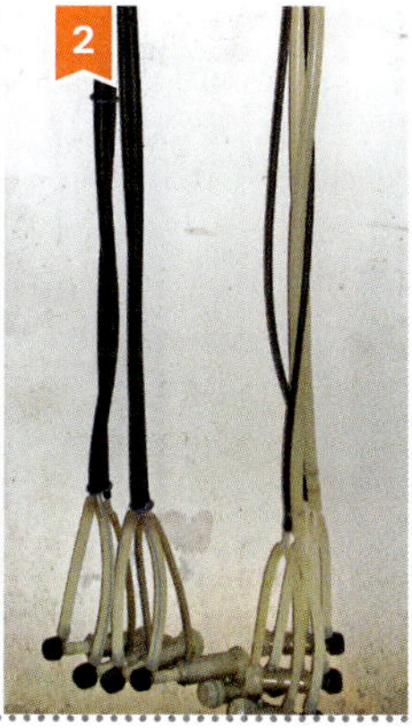

Un corretto lavaggio dell'impianto di mungitura va fatto in più passaggi.
1 È necessario disporre di acqua potabile, di un lavandino, o di una bacinella della capienza di 30 litri circa, e di detersivi.
2 Concluso il lavaggio, il gruppo di mungitura va appeso ad asciugare in un luogo chiuso e al riparo da polveri.

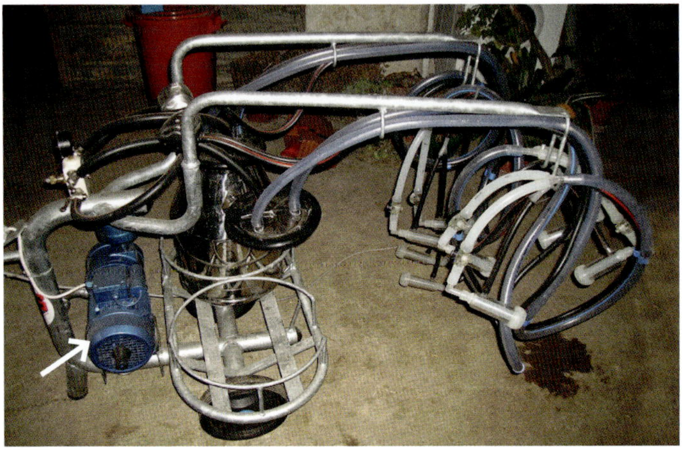

Esempio di impianto di mungitura portatile (a carrello), dotato di due coppie di tettarelle collegate a un secchio del latte, funzionante con motore elettrico (*vedi* freccia) o a carburante.

e **si completa la mungitura a mano** facendo fuoriuscire gli ultimi schizzi di latte. Anche in questo caso si procede alla filtrazione del latte prima di immetterlo nella vasca di refrigerazione.
L'impianto va quindi risciacquato (*vedi* riquadro a pag. 67) accuratamente e, al termine delle operazioni di lavaggio, spostato in un ambiente protetto dalla polvere.

IL PERIODO DELL'ASCIUTTA

In autunno, dopo un'annata di intenso lavoro, inizia l'asciutta, fase in cui viene sospesa la mungitura per permettere non solo agli animali di **riservare** tutte le loro **energie alla gravidanza**, ma anche ai tessuti della mammella di rigenerarsi e all'allevatore di riposarsi per affrontare al meglio la nuova stagione dei parti dell'estate successiva.Questa fase gestionale non è meno importante delle altre: tutte le scelte effettuate in questo periodo influenzano l'andamento dei parti, la forza e la vitalità dei capretti che nasceranno e la successiva lattazione.
Una buona tecnica per mettere in asciutta le capre è quella di **diminuire drasticamente la somministrazione di mangime** (*vedi* anche pag. 76). Quando le produzioni giornaliere scendono sotto il litro di latte, si inizia a mungere una sola

volta al giorno (*vedi* calendario qui sotto). Con l'utilizzo di foraggio grossolano (può andar bene anche della semplice paglia per un paio di giorni) e la contemporanea interruzione del pascolo, la produzione di latte cala ulteriormente. A questo punto si procede all'ultima mungitura che va finita a mano per svuotare completamente la mammella. I giorni successivi si continua a somministrare solo foraggio grossolano. In questa fase eventuali rigonfiamenti della mammella non devono destare preoccupazione in quanto nel giro di pochi giorni il latte prodotto sarà lentamente riassorbito. È possibile, dopo 3-4 giorni da quella che si pensava essere l'ultima mungitura, effettuarne un'altra per quei capi che eventualmente presentassero mammelle particolarmente gonfie. A questo punto inizia la fase di asciutta che, come già accennato, serve alle capre per **recuperare il peso perso durante la lattazione** e prepararsi al parto (che avverrà con l'anno nuovo, circa 150 giorni dopo l'accoppiamento).
In questi due mesi (novembre e dicembre) le capre devono essere tenute tranquille. A tale riguardo **lasciare il becco nel gruppo** contribuisce a mantenere un buon equilibrio oltre a essere utile se qualche capra non fosse rimasta gravida ai primi salti. Gli animali possono pascolare per

IL CICLO DI MUNGITURA E DI ASCIUTTA

Come mostra lo schema, l'inizio e la frequenza della mungitura variano a seconda del tipo di allattamento scelto (*vedi* pag. 55). Comunque, il periodo dell'asciutta inizia per tutte le capre a partire da novembre.

Legenda
- Allattamento del capretto da parte della madre (nessuna mungitura)
- Una mungitura al giorno
- Due mungiture al giorno
- Asciutta (viene sospesa la mungitura)

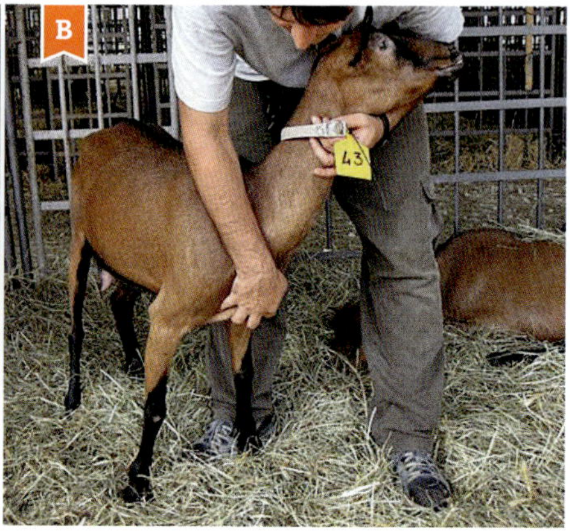

L'asciutta consente alle capre di recuperare il peso perso durante la lattazione grazie tra l'altro alla presenza di foraggio di buona qualità nella stalla A. Tuttavia, in questa fase occorre anche verificare lo stato di ingrassamento delle capre a livello dello sterno B, per evitare che un eccessivo deposito di grasso porti a seri problemi, con morte del soggetto interessato nei giorni precedenti al parto.

qualche ora al giorno, non tanto per l'apporto alimentare che ricavano dal pascolo ma per mantenersi in forma con il movimento e poter arrivare al giorno del parto in perfetta efficienza fisica. Nelle regioni meridionali, il pascolo in questo periodo può donare ottime essenze ed essere un importante supporto alimentare: lasciate gli animali liberi di pascolare e fate in modo, in ogni caso, che possano avere al coperto la disponibilità di foraggio di buona qualità.

In stalla occorre fare in modo che non si creino competizioni durante la somministrazione degli alimenti. A ogni capra vanno garantiti almeno 40 cm lineari di mangiatoia, per permettere a tutte di accedere agli alimenti contemporaneamente ed evitare pericolosi combattimenti che metterebbero a rischio la prosecuzione della gestazione. Occorre inoltre verificare mensilmente lo **stato di ingrassamento** degli animali a livello sternale e lombare per evitare che un eccessivo deposito di grasso porti a seri problemi con conseguente morte dell'animale nei giorni precedenti al parto (fenomeno definito "tossiemia gravidica"). Per verificarlo, si tasta con la mano l'eventuale presenza di un cuscinetto adiposo a livello dello sterno e della regione lombare.

IL PALCHETTO DI MUNGITURA

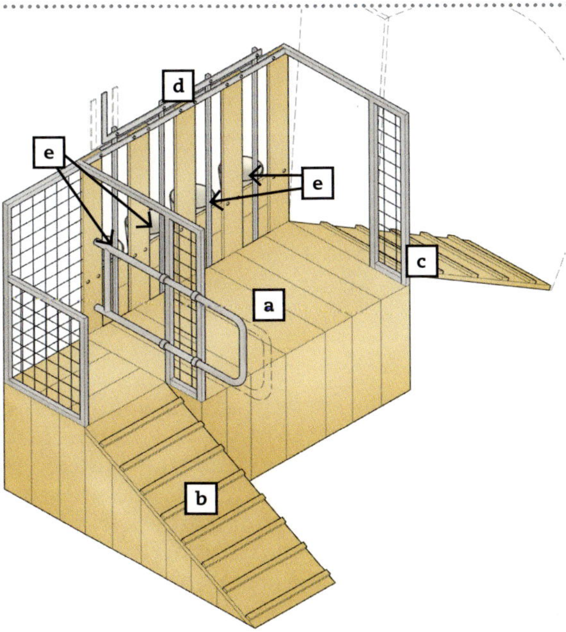

a) Pedana di stazionamento. È la parte che ospita gli animali durante la mungitura. Per quattro animali deve misurare 2,2 metri di lunghezza e 1,4 metri di profondità. Per comodità del mungitore va posta a un'altezza da terra di 90 cm. Per il palchetto del disegno è stata realizzata una struttura di ferro zincato rivestita alla base da assi di legno. La pedana può essere costituita da un'unica asse o da assi più piccole affiancate.

b) Rampa di accesso. Consente agli animali di salire sulla pedana di stazionamento. È stata realizzata con un'asse a cui vanno preferibilmente inchiodati degli spessori trasversali affinché gli animali non rischino di scivolare durante la salita. Il cancello di chiusura scorrevole, necessario per evitare che gli animali, una volta saliti sulla pedana, tornino indietro, è stato realizzato saldando tra loro dei tubi di metallo zincato.

c) Rampa di uscita. Costituita da una tavola di legno (dotata anch'essa di spessori antiscivolo), permette agli animali la discesa dalla pedana di stazionamento dopo la mungitura. La stessa tavola sollevata impedisce agli animali l'uscita.

d) Autocattura. Il dispositivo serve a intrappolare gli animali durante la mungitura. Per ogni postazione sono necessari 0,3 metri di larghezza così da consentire agli animali di entrarvi facilmente con la testa per accedere alla zona mangiatoia. Nel modello illustrato sono state montate verticalmente, distanziate una trentina di centimetri, cinque assi alte 100 cm e larghe 20 cm. Per bloccare la testa degli animali è stato predisposto un meccanismo semovente costituito da aste di ferro lunghe un metro, unite a un'asta, sempre in ferro, posta perpendicolarmente alle precedenti, sulla sommità dell'autocattura. Il meccanismo di incernieramento è stato ottenuto con l'applicazione di viti a bullone.

e) Zona mangiatoia. È indispensabile per tenere occupati gli animali durante la mungitura. Nel caso illustrato abbiamo utilizzato dei secchi di plastica di recupero che vengono riempiti con mangime idoneo alla specie allevata o con una miscela di concentrati. In questo modo gli animali possono alimentarsi in stazione eretta, mentre vengono munti.

L'ALIMENTAZIONE

Per le capre è vantaggioso impostare un razionamento alimentare che tenga conto delle risorse del pascolo. I foraggi, poi, dovrebbero essere aziendali e somministrati a volontà. In commercio esistono mangimi pellettati appositamente studiati per le capre, ma si possono comunque sostituire con miscele di mais, orzo e soia.

Al di là degli alimenti somministrati in stalla, vanno ben sfruttate le risorse offerte dal pascolo.

Nelle classificazioni degli animali, stilate in funzione del loro comportamento alimentare, la capra si pone a metà tra i pascolatori (ovini e bovini), che si nutrono di erba e mangiano con il capo rivolto verso il basso, e i brucatori (camosci, stambecchi...), che si nutrono anche di foglie, germogli, cortecce ecc., reggendosi sugli arti posteriori con la testa rivolta verso l'alto.
Rispetto agli altri ruminanti la capra ha una **digestione più efficiente** dovuta alle particolari caratteristiche del suo apparato digerente, cioè: un'elevata produzione di saliva (il primo fattore che caratterizza il processo digestivo), un'ampia superficie di assorbimento del rumine (la prima delle quattro cavità in cui è suddiviso lo stomaco dei ruminanti) e un intestino particolarmente lungo che consente agli alimenti un maggior tempo di permanenza nell'apparato stesso.
Le variabili di cui bisogna tenere conto, nel momento in cui si deve formulare una razione alimentare per

questa specie, sono molteplici: stadio fisiologico ed età dell'animale, tipo di pascolo e foraggi che si hanno a disposizione.

COME MANTENERE LE CAPRE IN SALUTE

Si tenga innanzi tutto presente che le necessità di acqua di una capra – soprattutto nel periodo estivo – possono superare anche i 10 litri al giorno: l'**acqua** deve pertanto essere sempre fresca, pulita e abbondante.
Vediamo ora quali sono le più importanti regole da seguire per la corretta alimentazione solida delle capre.
La prima regola è quella di sfruttare al meglio le ricchezze che il territorio, cioè il **pascolo**, offre. Come abbiamo più volte affermato anche in precedenza, la capra si adatta benissimo a tutti i tipi di pascolo, per cui è sempre vantaggioso impostare il suo allevamento, e di conseguenza il razionamento alimentare, considerando sempre ciò che fornisce il pascolo nel periodo da aprile a fine anno.
In primavera, dopo la pausa invernale e alla comparsa dei

> Per una gestione razionale sarebbe bene impostare l'allevamento delle capre e il loro razionamento alimentare in funzione di ciò che il ***pascolo*** fornisce nel corso dell'anno.

Le caratteristiche dell'apparato digerente garantiscono alle capre una massima efficienza digestiva, ma il regime alimentare deve essere corretto.

A L'acqua deve essere sempre disponibile, abbondante, fresca e pulita (nel periodo estivo le necessità possono superare anche i 10 litri al giorno/capo).

B In commercio esistono mangimi pellettati appositamente studiati per le capre; se ne possono realizzare in proprio miscelando mais, orzo e soia o pisello proteico.

primi ricacci nel pascolo, si riabituano gradualmente le capre all'alimentazione verde, con uscite giornaliere di poche ore – quelle centrali della giornata – quando la vegetazione si è ormai asciugata dalla rugiada mattutina.

I **foraggi** (fieno) ricoprono un ruolo fondamentale nella razione alimentare. Questi, possibilmente, dovrebbero essere prodotti dall'azienda stessa e somministrati a volontà in tutti i periodi dell'anno, anche quando le capre hanno accesso al pascolo.

La capra infatti, come tutti i ruminanti, deve poter salvaguardare al meglio il suo sistema digerente, molto efficiente ma altrettanto delicato e complesso. Si tenga presente che il rumine è un organo che ha qualità eccezionali – permette infatti agli animali di accumulare grandi quantità di cibo, è in grado di digerire erba e fieno, sa scaldare l'animale con la sua attività –, ma se mal riempito può anche causare gravi problemi. Di conseguenza, occorre fare in modo che il fieno sia **il primo alimento che le capre ingeriscono al mattino**, poiché favorisce la masticazione e una ruminazione corretta.

A seconda delle capacità produttive di un animale, due o

tre volte al giorno si somministrano poi i **concentrati**, cioè mangimi o miscele di cereali e leguminose in granella. In commercio esistono mangimi pellettati appositamente studiati per le capre; è però anche possibile preparare miscele di mais, orzo e soia (o pisello proteico).
Per esempio una buona miscela fatta in casa può essere così composta: 65% mais, 20% orzo, 15% soia o pisello proteico. Si tenga anche conto che la capra tra i ruminanti è l'animale che ha maggiori capacità masticatorie, che vanno incentivate il più possibile con la somministrazione di cereali in grani per **stimolare la produzione di saliva**, utilissima per garantire l'inizio di un'efficiente digestione degli alimenti.

L'ALIMENTAZIONE DELLA FEMMINA ADULTA

Detto che il fieno va somministrato a volontà durante tutto il corso dell'anno (è buona abitudine lasciarne a disposizione in stalla anche nel periodo di accesso al pascolo), vediamo come può essere integrata la razione alimentare con i concentrati (mangime o miscela di cereali).

1 Nell'ultimo mese di gestazione l'apporto di concentrati deve riprendere gradualmente, per raggiungere i 400 grammi/capo al giorno in prossimità del parto.

2 Durante la delicata ultima fase della gestazione occorre somministrare alle femmine adulte il fieno migliore che si ha in fienile.

FAVORIRE GLI ACCOPPIAMENTI

A metà luglio, ovvero un mese prima dell'immissione del becco nel gregge, per circa 45 giorni aggiungete alla razione in uso 150 grammi/capo/giorno di **avena in chicchi sia per il becco sia per le femmine**. Tale graminacea con il suo apporto naturale di fitoestrogeni rende ancora più evidenti i calori favorendo gli accoppiamenti in tempi ristretti. Ciò è molto importante per riuscire a **concentrare le nascite in pochi giorni** avendo così in futuro in azienda animali con le stesse necessità fisiologiche.

- **Dopo il parto (gennaio-febbraio).** Si somministrano concentrati in ragione di 500 grammi/capo/giorno (in due pasti), per arrivare anche a 1 kg/capo/giorno (in tre pasti) nel caso di soggetti con produzioni superiori a 3 litri di latte al dì.

- **Dall'inizio del pascolo (aprile) a fine anno.** In concomitanza con l'inizio del pascolo, l'apporto di concentrati diminuisce in funzione della quantità di latte prodotta e dagli 800 grammi/capo/giorno, in aprile, scende sino a circa 400 grammi/capo/giorno, in agosto. Il ruolo del pascolo soprattutto d'estate diventa fondamentale, perché con l'aumentare delle temperature le capre tendono a mangiare quasi esclusivamente alimenti appetitosi. Il pascolo aiuta a mantenere alta l'assunzione di fibra, fondamentale per sostenere il contenuto di grasso nel latte.

- **Autunno (da settembre).** Con l'arrivo dell'autunno calano drasticamente le produzioni di latte e i concentrati vanno ulteriormente ridotti (200 grammi/capo/giorno) fino a essere eliminati in concomitanza dell'asciutta (cioè della sospensione della mungitura in novembre-dicembre).

- **Ultimo mese di gestazione (tra dicembre e gennaio).** Nell'ultimo mese di gestazione si deve riprendere gradualmente la somministrazione di concentrati fino a raggiungere i 400 grammi/capo/giorno in prossimità del parto. L'ultima fase della gestazione è un periodo da seguire con particolare attenzione dal punto di vista alimentare. Infatti le necessità nutrizionali aumentano enormemente per i bisogni dei feti che, crescendo di volume, fanno diminuire la capacità di ingestione di alimento delle capre. Il fieno, quindi, ancora una volta ricopre un ruolo fondamentale e, in questa delicata fase, occorre somministrare quello migliore che si ha in fienile (secondo taglio con tanta foglia).

L'alimentazione delle capre varia sensibilmente in base al periodo dell'anno e soprattutto al fatto che siano o meno in fase di gestazione.

L'ALIMENTAZIONE DEL CAPRETTO

Abbiamo già trattato l'argomento parlando dello svezzamento dei capretti. Ricordiamo qui che anche per i capretti il **foraggio**, sempre **di ottima qualità**, deve costituire la base della razione alimentare.
Anche i **mangimi**, comunque, giocano un ruolo fondamentale nello sviluppo e nella crescita dei capretti, soprattutto per quanto riguarda le razze da latte e gli animali da far accoppiare ("rimonte") in autunno. In quest'ultimo caso si deve arrivare gradualmente alla somministrazione in settembre (quando le caprette pesano già circa 35 kg) di 500 grammi/capo/giorno di concentrati, dose da mantenere fino al parto quando, in base alla quantità di latte prodotta, la razione verrà modificata.

L'ALIMENTAZIONE DEL BECCO

Per il becco c'è solo da sottolineare che da giugno, cioè un mese prima della stagione di monta, lo si deve alimentare al meglio per **prepararlo alle fatiche che lo aspettano**. In pratica si somministra fieno a volontà con l'aggiunta di 400 grammi al giorno di concentrati.
Una volta introdotto nel gregge (in agosto), il maschio deve ricevere la stessa razione delle femmine in lattazione.
Da febbraio in avanti, quando tornerà da solo, basterà invece garantire acqua e foraggio a volontà.

PRODURRE FORMAGGI

In un caseificio aziendale di dimensioni contenute, ben costruito e attrezzato, è possibile trasformare il latte di capra in ottimi formaggi. Certo, è un'iniziativa che richiede un investimento iniziale non indifferente, ma se ne possono trarre grandi soddisfazioni.
In questa parte vediamo dunque quali caratteristiche deve avere il caseificio, come realizzarlo e quali sono i locali e le attrezzature per eseguire tutte le operazioni: dalla caseificazione al confezionamento e alla vendita dei formaggi. Metteremo poi le "mani in pasta" illustrando i passaggi da compiere per passare dal latte alla produzione di formaggi freschi e stagionati.

COME REALIZZARE UN PICCOLO CASEIFICIO IN AZIENDA

Avviare un piccolo caseificio da affiancare all'allevamento richiede un certo investimento di denaro e di tempo: è bene quindi fare prima un'attenta valutazione.

Molto spesso anche chi alleva poche capre è giustamente tentato di trasformare il latte da loro prodotto in formaggi (i quali, viste le qualità organolettiche del latte di partenza, risultano sempre molto apprezzati). Per rendere però reale questa intenzione è necessario approntare un caseificio aziendale, sia pur piccolo, che permetta anche di vendere sul posto, o in mercatini della zona, i formaggi prodotti.
La realizzazione di un piccolo caseificio aziendale è impegnativa sia dal punto di vista economico (inizialmente si hanno solo spese) che da quello della riorganizzazione dei ritmi di lavoro (si deve infatti aggiungere al lavoro di allevatore anche quello di casaro e venditore). Proprio per questo conviene, prima di avviare i lavori, verificare presso qualche associazione di categoria (Coldiretti, Cia, Confagricoltura, Copagri ecc.) o studio professionale l'eventuale possibilità di ottenere aiuti finanziari sul costo di parte dei lavori e delle attrezzature.
Qui di seguito forniamo i consigli per la realizzazione di un piccolo caseificio aziendale, adeguato per un allevamento di 15-30 capre (con una produzione di latte **da 40 a 80 litri al giorno**). Al di sotto di queste produzioni il consiglio è quello di non intraprendere l'investimento e aspettare il momento in cui ci sarà un aumento del numero di capi allevati.

UBICAZIONE E CARATTERISTICHE

Il caseificio non deve essere distante dalla sala di mungitura della stalla per rendere più agevoli gli spostamenti e il trasporto del latte e per garantire allo stesso un rapido stoccaggio nelle vasche di conservazione. Al contempo, però, deve essere nettamente separato dalla stalla e dalle strutture di allevamento per evitare contaminazioni pericolose dal punto di vista sanitario.

IL PICCOLO CASEIFICIO AZIENDALE NELL'ALLEVAMENTO DI 20 CAPRE E 2 BECCHI

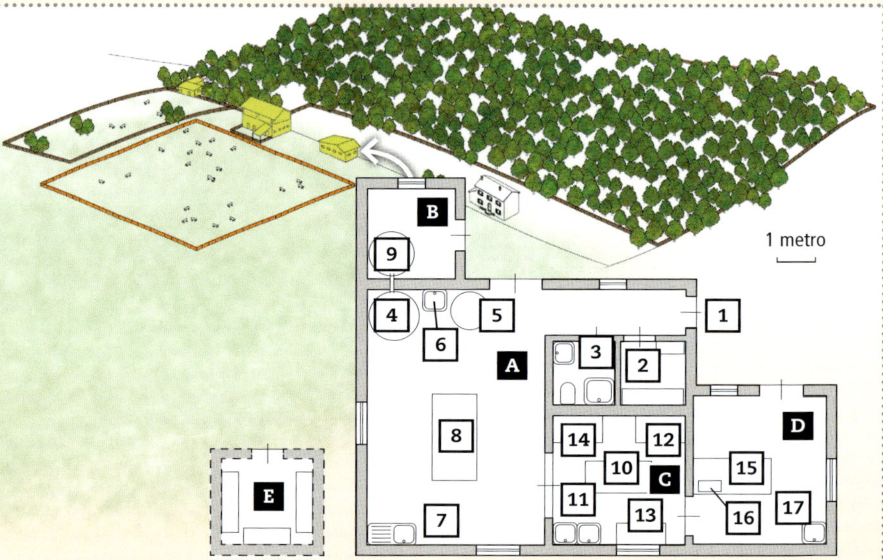

L'allevamento di 20 capre che abbiamo proposto nella prima parte del volume (*vedi* pagg. 30-40) prevede la presenza di un caseificio (*vedi* disegno in pianta).

• Il **locale di lavorazione** (**A**) è dotato di un'entrata indipendente (**1**), di un piccolo spogliatoio (**2**) e di un bagno di servizio (**3**). Per la coagulazione del latte sono necessarie una caldaia grande (**4**), della capienza di almeno 200 litri, e una caldaia piccola (**5**), di 100 litri, poste vicino a un lavandino con rubinetto a pedale (**6**); un altro lavandino capiente (**7**) è utile per lavare agevolmente tutta l'attrezzatura. Completa l'arredamento un tavolo di sgrondo (**8**) al centro del locale. Accanto al locale di lavorazione deve essere ricavata la **sala latte** (**B**) con il contenitore (tank) di refrigerazione (**9**).

• L'**area confezionamento** (**C**) va arredata con un tavolo in acciaio inox per la lavorazione dei formaggi (**10**), un lavandino con rubinetto a pedale (**11**), la cella frigo (**12**) per la conservazione dei formaggi, una vasca per la salamoia (**13**), necessaria per la salatura dei formaggi da stagionare, e uno scaffale (**14**) per l'asciugatura dei formaggi da stagionare.

• Lo **spaccio aziendale** (**D**), dove vengono esposti e venduti i formaggi, deve essere provvisto di un banco frigo (**15**), di una bilancia per le pesate (**16**) e di un lavandino (**17**).

• La **cantina di stagionatura** (**E**), posta nel piano interrato, va dotata di scaffali di legno adibiti alla maturazione dei formaggi.

Prima di presentare il progetto in Comune (all'Ufficio tecnico) è utile anche sottoporlo ai servizi veterinari dell'Asl (Azienda sanitaria locale) di zona, con la quale conviene collaborare fin dall'inizio ai fini del pieno rispetto delle regole di carattere igienico-sanitario.
L'ideale è disporre di un **locale di lavorazione** (A nel progetto a lato) dotato di un'entrata indipendente, di un piccolo spogliatoio dove poter lasciare gli indumenti usati in stalla e di un bagno di servizio a esclusivo utilizzo di chi entra nel caseificio. Il locale deve essere bene illuminato e dotato di finestre per il ricambio d'aria. Deve avere inoltre gli allacciamenti per acqua (per un paio di lavandini) e gas che garantiscano acqua calda e fuoco per le caldaie. Il pavimento deve essere di materiale lavabile, con una pendenza del 2% circa per permettere all'acqua di confluire in un pozzetto centrale di scolo. Le pareti, anch'esse di materiale lavabile fino all'altezza di 2 metri, devono essere raccordate con il pavimento con mattonelle "a culla" che impediscano allo sporco di fermarsi negli angoli.
La restante parte delle pareti e il soffitto devono essere imbiancati con vernice chiara lavabile addizionata ad antimuffa. Porte e finestre, infine, devono essere dotate di zanzariere e costruite con materiale lavabile e resistente all'acqua.

Il locale destinato alla produzione di formaggi deve essere ben illuminato e aerato.

Occorre infine ricordare che, soprattutto per le coagulazioni di tipo acido (*vedi* pag. 85), la temperatura degli ambienti è fondamentale e, quindi, si deve dotare il caseificio di un idoneo impianto di riscaldamento.
Accanto al locale di lavorazione deve essere ricavata la **sala latte** (B nel progetto a pag. 80) con il contenitore (tank) di refrigerazione per la conservazione del latte alla temperatura di 4 °C.
Il contenitore è posto in corrispondenza della caldaia, in modo che il latte, il giorno della lavorazione, possa confluire direttamente in caseificio con un tubo in plastica a uso alimentare attraverso il muro divisorio.

LE ATTREZZATURE NECESSARIE

Per la coagulazione del latte sono necessarie due diverse caldaie alimentate con un fornello a fiamma:
- una grande, in acciaio inox, della capienza di almeno 200 litri;
- una piccola, in acciaio inox, della capienza di 100 litri, per la produzione della ricotta.

Le caldaie vanno poste vicino a un lavandino con rubinetto a pedale perché è molto utile avere l'acqua corrente vicino al punto in cui si lavora; infatti, durante la trasformazione, si ha spesso bisogno di sciacquare o lavare le mani e i diversi attrezzi che si stanno utilizzando. Un altro lavandino capiente, distante dai fuochi, è utile per lavare agevolmente, alla fine della lavorazione, tutta l'attrezzatura che è stata utilizzata. Completa l'arredamento del locale di lavorazione un tavolo di sgrondo, in acciaio inox e dotato di rotelle, posto al centro del locale.

Elenchiamo poi velocemente altre piccole attrezzature di cui daremo il dettaglio d'uso a breve (*vedi* pagg. 86-92) nella parte dedicata alla lavorazione del formaggio: lira, spada, rotella, secchi, vassoi in plastica, pipette, stampi e formine necessari per dare ai formaggi le forme desiderate.

Nel locale di coagulazione non potranno mancare: A una caldaia grande per la coagulazione del latte; B una caldaia piccola per la produzione della ricotta; C un fornello a fiamma diretta per alimentare le caldaie su cui è appoggiata la rete spargifiamma per distribuire in modo ottimale il calore; D una vasca per la salamoia.

L'AREA CONFEZIONAMENTO E LO SPACCIO AZIENDALE

All'interno del caseificio è necessario ricavare anche un'area confezionamento e uno spaccio aziendale, contigui tra loro e separati dal caseificio vero e proprio anche solo con una parete in acciaio e vetro prefabbricata.

L'**area confezionamento** (C nel progetto di pag. 80) deve essere dotata di un tavolo in acciaio inox per la lavorazione dei formaggi. Terminata la salatura, infatti, i formaggi freschi devono essere confezionati per la vendita ed è quindi indispensabile uno spazio per lavorare in tutta comodità. In quest'area occorre prevedere anche la presenza di un lavandino con rubinetto a pedale e la cella frigo per la conservazione e la maturazione dei formaggi.

Per i formaggi che invece vengono venduti dopo un periodo di stagionatura, è necessaria una vasca per la salamoia (per la loro salatura) e uno scaffale per la prima fase di asciugatura (24-48 ore).

Dopo questa prima fase, nel corso della quale i formaggi si asciugheranno in superficie e potranno innescarsi utili processi fermentativi, gli stessi vanno riposti nella **cantina di stagionatura** (**E** nel progetto di pag. 80). Questo locale potrà essere magari ricavato nel corpo del caseificio, in un'area interrata nella quale le temperature non dovranno mai superare i 10 °C e l'umidità dovrà essere intorno all'80%.

Se non vi sarà possibile ricavare questo spazio-cantina per la maturazione dei formaggi potrà andar bene anche una **cella di stagionatura**. In questo caso, però, la sezione **C** dovrà essere studiata su una superficie maggiore, per poter accogliere tale cella che occuperà uno spazio di circa 2 metri quadrati.

Lo **spaccio aziendale** (D nel progetto di pag. 80), cioè il luogo dove vengono esposti e venduti i formaggi, deve essere provvisto di un banco frigo per l'esposizione dei prodotti, di una bilancia per le pesate e di un lavandino per l'igiene delle mani e per il lavaggio dei coltelli e dei taglieri.

VENDITA A RISTORANTI E NEGOZI

Per poter vendere i formaggi anche a ristoranti e negozi, il caseificio deve possedere un riconoscimento europeo che prevede norme un po' più restrittive rispetto a quelle di un caseificio aziendale e si presta a realtà produttive nettamente più grandi di quelle prese in considerazione in questa Guida pratica. Fanno eccezione alcune deroghe regionali per la vendita di piccole quantità, meglio quindi informarsi presso i servizi veterinari della ASL locale.

È importante predisporre uno spazio in cui poter comodamente confezionare i prodotti.

ALCUNE CARATTERISTICHE DEL LATTE DI CAPRA

La composizione media del latte di capra non si discosta molto da quello di vacca (*vedi* tabella qui sotto); ciò nonostante il consumo del primo, come quello dei suoi derivati, viene spesso consigliato in alternativa al secondo a causa di alcune sue peculiarità.

Per quanto riguarda i grassi, per esempio, il latte di capra è caratterizzato da una più **alta digeribilità** rispetto a quello di vacca. Al tempo stesso il grasso, le cui molecole hanno ridotte dimensioni, "sfugge" più facilmente durante la coagulazione e di conseguenza il formaggio risulta meno grasso. La ricotta di capra, al contrario, è più grassa rispetto a quella di vacca: per questo è più saporita e molto richiesta dal consumatore. Il grasso di capra, inoltre, ha un alto contenuto di acidi grassi a catena corta che, oltre a conferire per la loro volatilità il caratteristico sapore al latte, **impediscono l'accumulo di colesterolo** nei tessuti. Un'altra caratteristica interessante del latte di capra è la **scarsa presenza di sodio**; per questo è particolarmente indicato per chi ha problemi di ipertensione. Nonostante queste sue proprietà, il latte di capra e i suoi derivati, come ogni alimento, vanno consumati senza abusarne. La sua richiesta è in continuo aumento anche per il fatto che spesso coloro che mostrano intolleranze rispetto al latte di vacca riescono ad assumere senza problemi quello di capra. Attenzione però: le diete con solo latte di capra risultano **carenti di acido folico** (vitamina B9) e possono indurre anemie. Le proteine del latte di capra hanno la caratteristica di formare, durante la coagulazione, aggregati più piccoli e delicati rispetto a quelli del latte di vacca. Ne consegue che il coagulo difficilmente risulta compatto e ciò si può notare soprattutto quando si produce yogurt (questo rimane infatti liquido o si sfalda facilmente). Attualmente, soprattutto nelle regioni del Nord Italia, per l'influenza della tradizione francese, il latte di capra viene avviato alla trasformazione, senza l'aggiunta di caglio, per la produzione di formaggi freschi da spalmare (*vedi* pag. 85).

LATTE DI CAPRA E DI VACCA A CONFRONTO

Componente	Capra %	Vacca %
Acqua	87,2	87,3
Zuccheri	4,5	4,7
Grassi	3,8	3,8
Proteine	3,6	3,3
Sali	0,9	0,9

La tabella riporta i valori medi, tenendo conto che la composizione varia in funzione di razza, età, numero di parti, stadio della lattazione e tipi di alimentazione.

LA CASEIFICAZIONE: DAL LATTE AI FORMAGGI FRESCHI E STAGIONATI

I formaggi di capra – anche e soprattutto per la forte tradizione che ha nel nostro Paese la caseificazione del latte di vacca – sono sempre stati considerati un prodotto di nicchia, per amatori e intenditori, da abbinare a pietanze particolari (mostarde, confetture, miele).
Negli ultimi tempi, però, anche in seguito alla scoperta e valorizzazione delle proprietà organolettiche del latte di capra, la diffusione di questi formaggi è in forte espansione. Il consumatore ha riscontrato, forse con stupore, che questi formaggi non possiedono il tanto temuto "sapore caprino" e ha cominciato ad apprezzarli. Nella nostra Penisola, almeno in Piemonte e Lombardia (le due regioni con il maggior numero di allevamenti di capre da latte), è molto sentita l'influenza francese che ricorre prevalentemente alla lavorazione del latte con coagulazione acida o lattica per l'ottenimento del noto caprino. Nel resto d'Italia, invece, sono più utilizzate le lavorazioni con coagulazione presamica (con l'azione del caglio) per la produzione di caciotta e ricotta.
Di seguito prendiamo quindi in considerazione queste due tipologie di lavorazione, fornendo i consigli utili e illustrando il procedimento per portarle a buon fine nel caseificio che abbiamo preso in considerazione a pagina 80.

LA COAGULAZIONE ACIDA O LATTICA

La lavorazione del latte con coagulazione acida o lattica è la più semplice, in quanto richiede pochissime manipolazioni. La coagulazione del latte viene attivata dall'aggiunta di fermenti lattici di tipo mesofilo (i batteri che si sviluppano a una temperatura tra 15 e 35 °C), commercializzati, nelle rivendite di mezzi tecnici per caseifici, in buste con dosaggi calibrati per la lavorazione dai 100 litri di latte in su.
Per ottenere formaggi sani e di qualità è però indispensabile seguire scrupolosamente le diverse fasi di lavorazione e garantire la massima igiene a partire dal momento della mungitura.
Di seguito illustriamo una delle procedure di caseificazione per la produrre il **caprino** – un formaggio spalmabile con rese almeno del 15% (ogni 10 litri di latte si ottengono 1,5 kg di formaggio) – che può essere consumato **fresco** o **stagionato**.

Maturazione. Dopo aver filtrato e messo il latte in caldaia, lo si deve portare a una

temperatura intorno ai 20 °C; se il latte munto al mattino (che ha una temperatura di circa 36 °C) viene mescolato con il latte della sera precedente (conservato a 4 °C), si può fare a meno di riscaldare il tutto.
A questo punto si procede all'acidificazione del latte introdotto in caldaia previa aggiunta di fermenti lattici di tipo mesofilo 1 mescolando poi accuratamente ma delicatamente per qualche minuto.
Si lascia quindi riposare il latte per circa quattro ore all'interno della caldaia chiusa con il coperchio. In questo lasso di tempo sarà sufficiente solo controllare che la temperatura del locale di lavorazione non scenda sotto i 20 °C, in modo che quella del latte rimanga costante.

Aggiunta del caglio. Dopo aver verificato che la temperatura del latte non sia scesa sotto i 18 °C (nel qual caso occorre riscaldarlo), si aggiungono solo 5 millilitri di caglio ogni 100 litri di latte e si mescola accuratamente 2. Si lascia riposare ancora il latte per circa 24 ore, sempre a una temperatura non inferiore ai 20 °C. Trascorso questo tempo il processo di coagulazione avrà determinato la formazione della massa di cagliata coagulata 3,

Il caprino fresco o stagionato

1 Al latte in caldaia si aggiungono fermenti lattici per procedere all'acidificazione. Il latte viene quindi lasciato riposare per quattro ore. 2 Poi vi si aggiunge il caglio. 3 Si mescola, si lascia riposare per una giornata circa finché non affiora il siero sopra la cagliata. 4 Servendosi di un piatto in acciaio inox, la si preleva.

sopra la quale affiora in superficie, per uno spessore di pochi centimetri, il siero.

Estrazione della cagliata e sgocciolatura. A questo punto si taglia la cagliata prelevandola a fette, servendosi di un piatto in acciaio inox 4, poi la si adagia all'interno di un telo di lino disteso a rivestire un contenitore forato 5. Dopo aver trasferito tutta la cagliata, si annoda il telo che la contiene e lo si appende sopra un secchio o una bacinella 6, per evitare che il siero sgoccioli sul pavimento. Anche in questa fase – che dura almeno 12 ore (più si lascia la cagliata appesa, più elevato sarà lo spurgo del siero e più, di conseguenza, risulterà asciutta la pasta del formaggio) – è importante che la temperatura all'interno del caseificio non scenda al di sotto dei 20 °C.

Salatura. Al termine della sgocciolatura si ottiene una pasta 7 che va amalgamata a mano con sale fino; questo va aggiunto poco alla volta, assaggiando man mano l'impasto fino a raggiungere il grado di salatura desiderato.

Formatura. A questo punto si può mettere la pasta negli stampi per darle la for-

5 Si adagia la cagliata su un telo di lino disteso su un contenitore forato.
6 Completato il trasferimento, si annoda il telo e lo si appende sopra un secchio o una bacinella; ha inizio la fase di sgocciolatura.
7 Al termine si avrà la pasta pronta per la salatura. 8 La pasta viene poi messa in stampi di forma regolare.

9 Con la pasta si possono realizzare semplici rotolini, al naturale o aromatizzati, da vendere freschi.

10 Una parte dei caprini estratta dagli stampi può essere messa a stagionare e quindi posta in vendita.

ma desiderata 8 o, più semplicemente, si possono realizzare con essa dei rotolini (da circa 150 grammi) pronti per essere commercializzati freschi, al naturale oppure cosparsi di spezie (pepe, peperoncino, erba cipollina, prezzemolo ecc.) in superficie 9.

Stagionatura. Qualora si desideri produrre caprino stagionato, la pasta va conservata inizialmente, per uno-due giorni, a un'umidità intorno al 70% e alla temperatura di circa 15 °C. Quindi si procede alla stagionatura vera e propria mettendo le forme in una cantina o in un'apposita cella (*vedi* pag. 91) con umidità del 90% e temperatura intorno agli 8 °C.
Qui le forme andranno conservate per almeno tre settimane e capovolte due-tre volte alla settimana.
Alla fine del breve periodo di stagionatura si ottiene un formaggio cremoso al centro con una crosta morbida e asciutta in superficie 10.

LA COAGULAZIONE TRADIZIONALE PRESAMICA

La lavorazione del latte di capra con coagulazione presamica prevede l'aggiunta di fermenti lattici termofili (commercializzati anch'essi nelle rivendite di mezzi tecnici per caseifici, in buste con dosaggi calibrati per la lavorazione dai 100 litri di latte in su) cui segue quella del caglio. Il processo è lo stesso previsto per il latte di vacca. Di seguito descriviamo la produzione della caciotta, un formaggio che viene commercializzato non prima di tre settimane di stagionatura. Con questo tipo di lavorazione, che ha rese intorno all'8-10% (ogni 10 litri di latte si ottengono 0,8-1 kg di formaggio), si può produrre anche la ricotta.

Maturazione. Dopo aver filtrato e messo il latte in caldaia, lo si deve portare lentamente (innalzando la temperatura di circa un grado al minuto) a una temperatura di 32-36 °C.
Prima dell'inizio del riscaldamento si consiglia di innestare i fermenti lattici termofili 1, in quanto favoriscono la prevalenza di fermenti utili alla coagulazione.

Aggiunta del caglio. Raggiunta la temperatura indicata, si aggiungono 30 ml di caglio ogni 100 litri di latte e si mescola accuratamente. Quindi si chiude per circa mezz'ora la caldaia con il coperchio, periodo necessario perché il processo di coagulazione formi una grossa massa di cagliata della consistenza di un budino.

Taglio della cagliata. Per poter separare la cagliata dal siero si procede a un primo taglio a croce 2; si attende un minuto (intanto il siero inizia a spurgare dalla massa) e poi si praticano successivi tagli paralleli ai primi due distanziandoli di circa 4-5 cm, ottenendo quindi una sorta di taglio a griglia.
Il taglio della cagliata si completa con la lira 3 muovendosi dal basso verso l'alto, e in senso orario, fino a attenere dei granuli della dimensione di un chicco di mais 4.
A questo punto si accende nuovamente la fiamma al minimo e, sempre mescolando delicatamente, si porta la temperatura della cagliata a circa 40 °C (occorrono almeno dieci minuti).
Una prova empirica per capire quando la cagliata è pronta 5 può essere la seguente: mettete sul palmo della mano qualche coagulo di cagliata, fate scivolare via il siero e capovolgete la mano; se i coaguli di cagliata rimangono attaccati e non cadono per gravità (*vedi* particolare della

La preparazione della caciotta

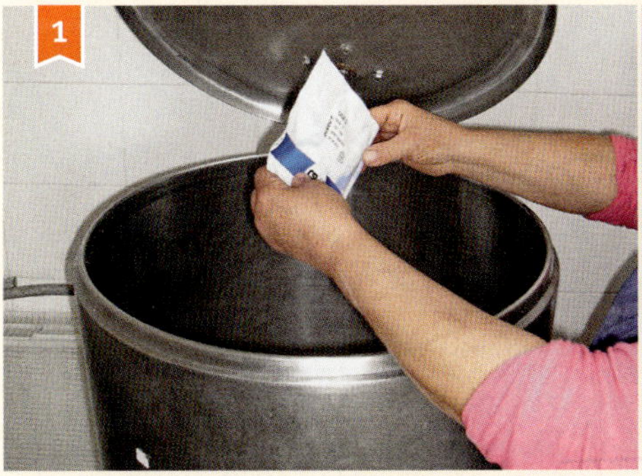

1 Al latte messo in caldaia si aggiungono prima i fermenti lattici e poi il caglio.

2 Per separare il siero dalla cagliata, si effettua il primo taglio a croce con la spada.

foto 5) si può procedere all'estrazione della cagliata.
Dopo aver lasciato depositare la cagliata sul fondo della caldaia per qualche minuto, con un secchio si preleva gran parte del siero e lo si trasferisce in una seconda caldaia, filtrandolo con un comune passino, per la successiva produzione della ricotta (*vedi* pag. 92).

Estrazione della cagliata. La cagliata estratta con le mani oppure con un bicchierone da caseificio va distribuita suddividendola negli stampi preventivamente disposti sull'apposito tavolo di sgrondo 6, così da poter raccogliere la restante parte del siero eventualmente utile per la produzione della ricotta (*vedi* pag. 92).
Gli stampi vanno capovolti più volte a distanza di 30 minuti 7. In questa fase è importante che la temperatura del locale di lavorazione superi i 20 °C per facilitare lo spurgo del siero.
Se non si riesce ad avere questa temperatura ambientale, è necessario coprire le forme con un telo, versare sulla superficie del tavolo di sgrondo acqua calda (in questo caso il siero si mescola con l'acqua e non può essere usato per fare la ricotta)

3 Al primo taglio con la spada ne segue un secondo con la lira, che porta ad avere una cagliata come quella della foto 4. Per capire se la cagliata è pronta 5 si procede alla prova empirica della mano (nel particolare): una volta fatto scivolare via il siero (il liquido trasparente biancastro), i coaguli non devono cadere. 6 A questo punto, aiutandosi con un bicchierone si preleva la cagliata e la si distribuisce negli stampi.

e lasciare le forme coperte per almeno un'ora.

Salatura. Questa operazione può essere fatta a secco, poche ore dopo l'estrazione della cagliata dagli stampi, cospargendo più volte la superficie delle forme con sale fino (8, con dosi pari a 1-2% del peso del formaggio) oppure tramite salamoia 9.

In questo secondo caso l'operazione si esegue il giorno seguente, immergendo le forme per circa 5 ore in una soluzione acquosa satura di sale (circa 300 grammi di sale per litro di acqua).

Asciugatura e stagionatura. Dopo la salatura le forme vanno lasciate per circa due giorni sui ripiani dell'area di confezionamento. In questa fase, vicino alle forme si può azionare un ventilatore che le faccia asciugare più velocemente, senza però seccarle in superficie.

Va quindi effettuata in una cantina 10 o in un'apposita cella di stagionatura con umidità dell'85% e temperatura intorno ai 10 °C per 3-4 settimane, a seconda del livello di stagionatura che si vuole raggiungere. In questo periodo le forme vanno capovolte e spazzolate due volte alla settimana.

7 Gli stampi andranno capovolti più volte ogni 30 minuti. 8 La salatura a secco può essere effettuata poche ore dopo l'estrazione della cagliata dagli stampi. 9 Per quella in salamoia, invece, si dovrà attendere il giorno successivo. L'ultima fase prevede l'asciugatura delle forme per circa due giorni. 10 Quindi, le si trasferisce in cantina per la fase di stagionatura che si protrae per 3-4 settimane.

LA RICOTTA

Per ottenere la ricotta (che non è propriamente un formaggio, bensì un latticino), il siero recuperato dalla coagulazione presamica viene riscaldato a una temperatura di 85 °C [1].
Fino a che la temperatura lo consente, occorre raccogliere con un passino gli eventuali coaguli che ancora si formano [2]. Infatti, all'alzarsi della temperatura è facile che qualche residuo di caglio si attivi e faccia coagulare nuovamente qualche proteina presente nel siero (qualora non vengano filtrati, questi fiocchi si depositano sul fondo della caldaia e determinano nella ricotta un sapore di bruciato).
Oltre i 60 °C il caglio viene inattivato e, a quel punto, sarà sufficiente tenere mescolato il siero. Intorno agli 85 °C le sieroproteine (albumine) coagulano e affiorano spontaneamente.
Man mano che affiorano vanno raccolte e depositate nelle formine da ricotta [3]. Dopo poche ore di sgocciolamento sul tavolo di sgrondo, le formine si trasferiscono in cella frigorifera a 4 °C e sono pronte per la commercializzazione [4].

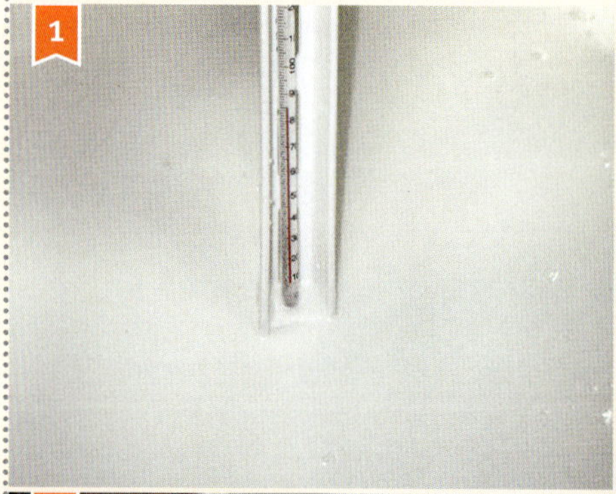

ALLEVARE SEGUENDO IL RITMO DELLE STAGIONI

Ci sono lavori da eseguire, anno dopo anno, stagione dopo stagione, per assicurare il benessere al gregge. Solo così potremo assicurarci che l'investimento fatto per realizzare l'allevamento dia i suoi frutti e che la produzione di latte e formaggi sia buona e abbondante.
Lavori da eseguire ma anche pratiche alimentari da mettere in atto in base alle varie fasi di vita degli animali nonché consigli di prevenzione e cura delle malattie.

PRIMAVERA

LAVORI

In questo trimestre i parti sono terminati; solo qualche capra ritardataria potrà essere ancora gravida e dovrà quindi ricevere le nostre attenzioni. Il grosso del lavoro sarà concentrato sullo **svezzamento dei capretti e** la **mungitura**.

In molte realtà ci sarà poi da organizzare la **ripresa del pascolo**, che va gestita con gradualità e attenzione. Infatti, dopo il lungo periodo invernale in cui gli animali hanno assunto alimenti secchi (fieno, mangime o granaglie), è indispensabile riabituarli gradualmente a un'alimentazione verde. La capra è un animale assai ghiotto di ricacci e foglioline verdi e in questa stagione è capace di ingerirne grosse quantità. Nei primi giorni di accesso al pascolo va quindi garantita l'uscita solo per brevi periodi e al pomeriggio, quando in stalla gli animali si sono già cibati di fieno e la rugiada del mattino si è ormai asciugata. La permanenza al pascolo si allungherà, fino a essere illimitata, mano a mano che si constata che le feci sono fisiologiche e che gli animali non presentano gonfiori ruminali eccessivi.

In questo periodo i **becchi** vanno separati dalle femmine e allevati in strutture e pascoli separati; una volta tolti dal gregge, si potranno introdurre nel gruppo delle adulte le femmine nate l'anno precedente e non coperte.

A tutti i capi adulti, se necessario, vanno **curati gli unghioni** con un pareggio: se non si è in grado di farlo da soli, può venire in aiuto il veterinario o qualche pastore esperto.

Alla fine di questo trimestre i **capretti** in azienda sono quelli che si è deciso di allevare come rimonta per sostituire eventuali adulti da riforma o per incrementare il numero di animali in allevamento. Vanno tenuti separati dalle madri perché potrebbero riprendere a suggere dalle mammelle.

ALIMENTAZIONE

Le **capre adulte** sono in piena lattazione e oltre al fieno *ad libitum*, con due pasti di fieno di erba medica dopo le due mungiture giornaliere, devono ricevere un'integrazione con un mangime o una miscela di cereali (*vedi* anche pag. 76). Le quantità da somministrare variano in funzione del latte prodotto e vanno da 500 grammi/capo/giorno, in due volte, fino a 1 kg/capo/giorno, in tre pasti, per i sog-

getti particolarmente produttivi (oltre i 3 litri di latte al giorno).
Ai **capretti**, oltre a un ottimo fieno *ad libitum*, vanno somministrati sino a 300 grammi/capo/giorno di concentrati suddivisi in due pasti.

PREVENZIONE E CURE

Le maggiori attenzioni sanitarie in questo periodo sono rivolte ai capretti che, soprattutto nella fase di svezzamento, potrebbero incorrere in **sindromi respiratorie o enteriche**. Bisogna cercare di non esporli a correnti d'aria e di tenere la lettiera ben impagliata e asciutta. Ai primi sintomi di eventuali enteriti va somministrato del siero caldo con un biberon se sono ancora in allattamento o dei fermenti lattici se sono già svezzati.

Se si è intrapreso un piano di profilassi vaccinale nei confronti della **clostridiosi** sulle madri (*vedi* pag. 106), è bene ricordare che dal secondo mese di vita i capretti non hanno più una copertura anticorpale e va quindi valutata col veterinario l'eventualità di sottoporre a vaccinazione anche i capretti.
Nei soggetti adulti all'inizio della lattazione possono insorgere delle **mastiti** (*vedi* pag. 108).

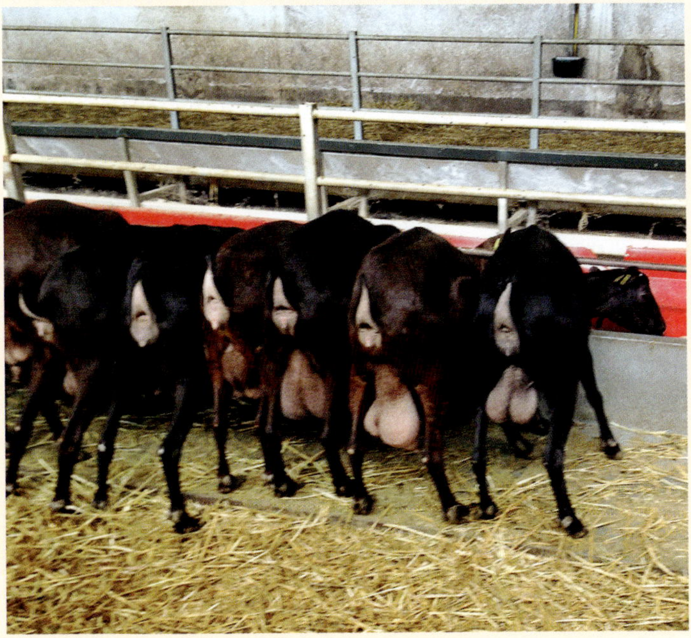

Alle capre adulte in piena lattazione va tra l'altro somministrato fieno di erba medica.

ESTATE

LAVORI

In questo trimestre i lavori sono sempre concentrati sulla **mungitura e** la **gestione del gregge al pascolo**. Si continueranno a mungere gli animali due volte al giorno sfruttando al meglio le risorse che i terreni aziendali sapranno dare.

Nelle ore più calde della giornata è bene lasciare gli animali in stalla oppure accertarsi che al pascolo abbiano la possibilità di ripararsi all'ombra e di accedere ad acqua fresca.

Con l'avanzare della stagione le giornate inizieranno ad accorciarsi e compariranno i **primi calori** (*vedi* pag. 44); da metà agosto si possono introdurre i becchi nel gregge, segnando su un calendario la data dei salti per riuscire a prevedere con buona approssimazione il periodo dei parti (circa 5 mesi dopo). L'eventuale accoppiamento si può verificare anche in sala di mungitura visto che il giorno del salto rimane una goccia di sperma sulla rima vulvare della capra.

Le **caprette** vanno assolutamente tenute separate dal resto del gregge perché non hanno ancora raggiunto un buono sviluppo fisico: nonostante possano comparire anche per loro i primi calori, è meglio che non vengano coperte dal maschio perché si assisterebbe a un rallentamento dello sviluppo e si correrebbe il rischio che al parto non si siano sviluppate a sufficienza e incorrano di conseguenza in problemi.

Le **capre novelle**, ovvero nate l'anno precedente, vanno messe nel gruppo delle adulte.

Se la stagione è stata favorevole dal punto di vista climatico, in molte zone sarà possibile effettuare gli sfalci di fieno più pregiato perché poco fibroso, che sarà molto utile alla fine della gestazione e per gli animali giovani.

ALIMENTAZIONE

Le **capre adulte**, essendo ancora in lattazione, continueranno a ricevere una buona integrazione di concentrati nonché fieno a volontà e accesso giornaliero al pascolo.

Le quantità da somministrare saranno in funzione del latte prodotto. Animali con meno di 1 litro di latte, oltre a venire munti una sola volta al giorno, riceveranno massimo 300-400 grammi di alimento; per produzioni superiori si può aumentare la somministrazione di 200 grammi/capo/giorno ogni mezzo litro di latte prodotto in più.

È utile integrare la dieta con 150 grammi/capo/giorno di avena in granella per favorire l'insorgenza del calore, cominciando all'incirca almeno un mese prima dell'introduzione del maschio nel gregge fino all'inizio degli accoppiamenti.
I **becchi** riceveranno la stessa miscela in uso dalle capre in lattazione a una quantità di almeno 700 grammi/capo/giorno suddivisa in due pasti.
I **capretti**, oltre a fieno a volontà nel pascolo dedicato, riceveranno un'integrazione di alimenti concentrati in ragione di circa 400 grammi/capo/giorno.

PREVENZIONE E CURE

In questo periodo, prima dell'inizio degli accoppiamenti, solo se in allevamento negli anni precedenti si sono verificati **aborti causati da clamidia** (*vedi* pag. 103), si può intraprendere un piano di profilassi vaccinale su tutti gli animali che si ha intenzione di far accoppiare (maschi compresi). I vaccini che danno i migliori risultati sono quelli di tipo vivo; parlatene con il veterinario.
Chi si trova in area montana cerchi di impedire l'accesso degli animali a pascoli umidi per evitare che si sviluppino problemi ai piedi che possono sfociare anche in patologie importanti (**pedaina**).
In zone di pascolo arido è invece fondamentale che l'animale abbia la possibilità di ripararsi dalle calure estive per evitare colpi di calore e fenomeni di disidratazione che porterebbero a gravi sofferenze con drastici cali produttivi e assenza di calori.

Nella stagione più calda le capre possono andare al pascolo, ma bisogna accertarsi che abbiano a disposizione zone d'ombra.

AUTUNNO

LAVORI

In questo trimestre ci avviamo verso la fine della lattazione e ci sono diversi lavori da affrontare in modo preciso e scrupoloso per **preparare al meglio il delicato momento dei parti** e l'inizio della successiva lattazione. Le capre adulte sono nel pieno degli accoppiamenti, produrranno sempre meno latte e andranno asciugate (*vedi* pagg. 68-70). I becchi vanno ovviamente lasciati nel gregge monitorandone lo stato e l'efficienza.

Per verificare lo **stato delle femmine**, a circa due mesi dai primi salti si può effettuare un'ecografia ed eventualmente inserire un nuovo maschio in caso di inefficienza riproduttiva di quelli già presenti. Se non è possibile effettuare un'ecografia, la continua comparsa di calori nelle femmine (ogni 21 giorni circa) è un'utile indicazione in merito.

Al ritorno dal pascolo, prima del periodo invernale e dopo eventuali trattamenti antielmintici, va completamente cambiata la **lettiera** in modo che i parti possano avvenire in un ambiente pulito e asciutto. Dopodiché si procede a un'accurata pulizia con un'idropulitrice a caldo oppure solo con acqua e ipoclorito di sodio. Prima di impagliare nuovamente la stalla, va distribuita manualmente a pioggia della calce viva.

Le **caprette** nate nell'inverno precedente, come abbiamo visto parlando del periodo primaverile, non andrebbero messe in accoppiamento ma tenute in un settore separato della stalla.

Chi non volesse seguire questo consiglio, si accerti almeno che a fine novembre abbiano raggiunto il 60% del peso di un adulto.

ALIMENTAZIONE

Per agevolare la **messa in asciutta**, quando le capre in lattazione scenderanno sotto il litro di produzione, va diminuito drasticamente l'apporto di alimenti concentrati, somministrandone al massimo 300-400 grammi capo/giorno. Il foraggio deve essere sempre disponibile *ad libitum*, ma non va più somministrato quello di erba medica.

Una volta asciugati gli animali, si sospende per almeno 15 giorni l'apporto di concentrato, che andrà ripreso con dosi di massimo 200 grammi capo/giorno da aumentare gradualmente di settimana in settimana ricordando che mano a mano che prosegue la gestazione, il volume del/dei capretti aumenta e la capacità ingestiva degli animali diminuisce.

Verso il termine della gestazione quindi il foraggio dovrà essere particolarmente nutriente (vanno prediletti i secondi tagli); il foraggio di erba medica andrà invece somministrato solo una quindicina di giorni prima della presunta data del parto.
I **becchi** vanno continuamente supportati, oltre che con foraggio, con buone quantità di concentrati per tutto il periodo: 700-800 grammi capo/giorno.
Le **caprette**, oltre a fieno di ottima qualità, compreso almeno un pasto di fieno di erba medica, riceveranno 500 grammi/capo/giorno di integrazione con alimento concentrato.

PREVENZIONE E CURE

Dopo il lungo periodo di pascolo, è bene verificare il grado di **infestazione parassitaria** degli animali. Si prelevano direttamente, dopo aver indossato un guanto, dall'ampolla rettale del 10% degli animali presenti in stalla, delle feci e le si porta, lasciandole nel guanto, a un laboratorio per un'analisi parassitologica quali-quantitativa. Per risparmiare si può richiedere un'unica analisi costituendo un solo pool di tutti i campioni prelevati. Se il risultato è inferiore alle 400 uova per grammo di feci, il consiglio è di non trattare gli animali.
A circa un mese dal parto, se in passato vi sono stati problemi di **clostridiosi** (*vedi* pag. 106) può essere d'aiuto un intervento vaccinale in modo da trasferire l'immunità ai capretti che nasceranno.
Per entrambe le problematiche è necessario contattare il veterinario aziendale.
È sempre bene tenere presente che le malattie si prevengono tenendo gli animali in ambienti puliti, al riparo dalle correnti d'aria, alimentandoli secondo le indicazioni date con alimenti di qualità e assicurandosi che abbiano la libertà di muoversi e di accedere a spazi aperti.

Verso il termine della gestazione, la capacità ingestiva delle capre diminuisce. Il foraggio deve quindi essere particolarmente nutriente, prediligendo i secondi tagli.

INVERNO

LAVORI

In questo trimestre il lavoro principale sarà quello di assistere e monitorare il delicato **momento dei parti**. Se si sono seguite le indicazioni date nei mesi precedenti, salvo rare eccezioni, i parti dovrebbero essere abbastanza concentrati e concludersi nel giro di un mese.

Se si è scelto di svezzare gli animali sotto madre (*vedi* pag. 54), prima dell'inizio dei parti va predisposto in stalla un box asilo a esclusivo accesso per i capretti, dotato di rastrelliera per il fieno, mangiatoia e abbeveratoio. Ci si dovrà inoltre procurare tutto ciò che potrà essere necessario per l'assistenza al parto (*vedi* pag. 50). All'inizio del periodo la lettiera va abbondantemente impagliata aggiungendo al bisogno nuova paglia. Le indicazioni fornite alle pagine 53-60 serviranno da guida per affrontare al meglio il periodo. L'**adozione da parte della madre** del/dei capretto/i è un aspetto da monitorare con particolare attenzione, essendo molto importante che i nuovi nati assumano il colostro entro poche ore dal parto. Se qualche mamma mostrasse difficoltà di adozione, la si può mettere col/coi capretti in un box dedicato e controllare lo stato sanitario della mammella; se non ci sono problemi, si prova a mungere per far uscire un po' di colostro dalla mammella avvicinando poi il capretto con delicatezza mentre si distrae la madre con la somministrazione di un po' di mangime e del buon fieno di erba medica. Terminati la maggior parte dei parti, la lettiera va completamente svuotata, ripetendo quanto consigliato nella stagione autunnale; in aggiunta, è bene procedere a un lavaggio con ammoniaca, utile per l'eliminazione delle oocisti dei coccidi che possono provocare disturbi enterici ai capretti.

I **becchi**, se non creano problemi, possono ancora essere lasciati in gregge.

Le **capre da rimonta**, quelle nate l'anno precedente, hanno ormai un anno, ma vanno ancora tenute separate perché nel gruppo delle adulte ci sono i maschi.

ALIMENTAZIONE

In questo trimestre la gestione alimentare può cambiare da soggetto a soggetto a seconda che l'animale stia terminando la gestazione o abbia già partorito. Il fieno in ogni caso deve sempre essere a disposizione e di ottima qualità; l'integrazione con alimenti concentrati va somministrata in due pasti giornalieri da circa 250 grammi. Le quantità vanno aumentate dopo il parto fino a massimo 1 kg/capo/giorno per gli animali che producono più di 3 litri di latte al giorno, somministrandole in tre pasti. Nelle **ore successive al parto**, soprattutto nelle regioni fredde, va assicurata alla madre la possibilità di bere acqua (tiepida per agevolarne l'assunzione) così da recuperare l'enorme quantità di liquidi persa. Inoltre appena dopo il parto è d'aiuto la somministrazione di una bevanda zuccherata (*vedi* pag. 52).

I **becchi** continueranno a mangiare fieno a volontà e una piccola integrazione di concentrati (sono sufficienti pochi etti al giorno).

I **capretti** in questo periodo si alimentano soprattutto di latte (qualunque sia il tipo di allattamento – *vedi* pagg. 53-60), ma nel box dedicato avranno fieno a disposizione e poco mangime da svezzamento possibilmente fioccato o schiacciato.

PREVENZIONE E CURE

Verificato che non abbiano problemi di **mastite** (*vedi* pag. 56), per le capre adulte non ci dovrebbero essere particolari problemi sanitari.

I soggetti più a rischio sono i giovani animali che potrebbero andare incontro a **sindromi enteriche o respiratorie**.

Ma è soprattutto la **prevenzione** a essere importante. Innanzitutto la pulizia e la concentrazione degli animali: una lettiera asciutta e ben impagliata è fondamentale per prevenire molte patologie enteriche e, per le madri, anche mammarie.

Il riparo da correnti fredde, con una corretta areazione e la possibilità nelle ore centrali della giornata di accedere a spazi all'aperto sono poi fondamentali per prevenire le problematiche respiratorie.

In una stalla, **batteri e virus** non si possono e non si devono eliminare: gli animali sono perfettamente in grado di conviverci senza problemi se vengono allevati secondo le indicazioni date per avviare il gregge verso quel processo di salutogenesi fondamentale per una sua corretta gestione.

Tra i capretti nati in questo periodo si sceglieranno quelli da rimonta per sostituire eventuali altri adulti o per incrementare il numero di animali in allevamento.

I PRINCIPALI PROBLEMI SANITARI: RICONOSCERLI E INTERVENIRE

La capra è un animale rustico e difficilmente, se tenuto con cura e alimentato bene, va incontro a grossi inconvenienti sanitari e a pericolose malattie. Ma può capitare. Vediamo quindi come comportarsi di fronte a disturbi e malattie che si verificano con maggiore frequenza, fornendo elementi utili a riconoscerli e dando qualche indicazione di primo intervento in attesa dell'arrivo del veterinario.

ABORTO

DESCRIZIONE. L'interruzione di gravidanza comporta la perdita dei capretti e della lattazione o l'avvio di una lattazione non particolarmente produttiva in un periodo anticipato. È quindi un contrattempo fastidioso.

SINTOMI. Solitamente la capra prossima all'aborto manifesta sintomi di insofferenza, può perdere dei liquidi dal canale vaginale, si isola e non mostra interesse per il cibo.
Se l'aborto è all'inizio della gestazione (prime settimane) la capra nei giorni seguenti presenta la coda imbrattata di sangue; se più tardivo (ultimo mese di gestazione) troverete uno o due capretti inerti, più o meno sviluppati, sulla lettiera. Se la causa non è di tipo infettivo, la capra che ha abortito può anche avere un comportamento normale.
Nel giro di breve tempo dall'aborto viene di norma espulsa anche la placenta, che va inviata, insieme ai capretti morti, a un laboratorio di analisi al fine di individuare le eventuali cause infettive (salmonella, clamidia o listeria le più frequenti) che con facilità potrebbero interessare anche altre capre. Se l'episodio di aborto rimane isolato, quasi sicuramente l'esito delle analisi sarà negativo.

PREVENZIONE. Le cause non infettive possono essere imputate principalmente a difetti fisiologici della capra o a errori gestionali. Nel primo caso, basta eliminare dalla riproduzione il soggetto che presenta recidività all'aborto. Se, invece, il problema è determinato da errori gestionali, questi vanno corretti il prima possibile. A riguardo ricordiamo che le capre sono animali molto sensibili agli stress e per questo durante la gravidanza occorre tenerle il più possibile tranquille, evitando di effettuare su di esse interventi manuali, quali per esempio il pareggio degli unghioni (soprattutto a fine gestazione) o altri che richiedano di immobilizzare l'animale.
Alle capre vanno poi garantiti spazi sufficienti, in modo da non creare competizioni che potrebbero sfociare in pericolosi combattimenti. Occorre infine prestare molta attenzione alla qualità degli alimenti.
In ogni caso l'intervento del veterinario è indispensabile per interpretare la risposta del laboratorio e stabilire le modalità di intervento.

ARTRITE-ENCEFALITE VIRALE CAPRINA (CAEV)

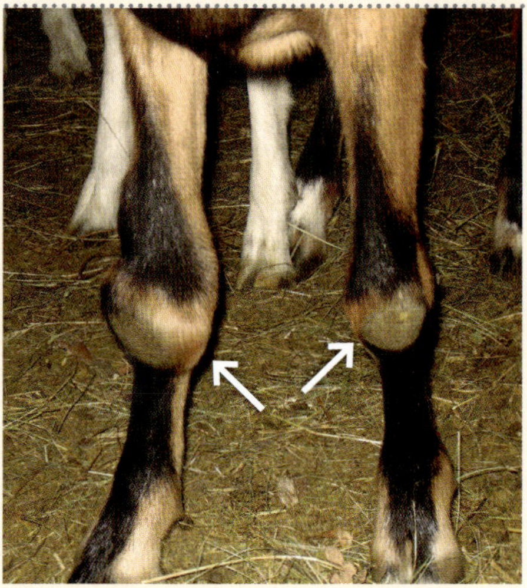

DESCRIZIONE. Questa malattia è presente solo nella specie caprina e ha un lentissimo decorso (addirittura di anni), anche se nei capretti si registra una forma che li può portare velocemente alla morte. È causata da un virus che si trasmette con l'assunzione di colostro e latte di capre infette o attraverso il contatto diretto tra animali, anche se in ambiente esterno il virus ha scarsissime capacità di sopravvivenza (non più di 15 minuti).

SINTOMI. Il sintomo più evidente della malattia è un abnorme ingrossamento dell'articolazione del carpo (*vedi* frecce), che provoca all'animale grandi problemi nella deambulazione. Quando si manifesta nei soggetti sotto l'anno di vita ci sono però anche sintomi premonitori: ridotta produzione di latte, predisposizione alle affezioni dell'apparato mammario e respiratorio.

PREVENZIONE. Non esiste una cura specifica. Se l'allevamento ne è indenne, è fondamentale valutare sempre con attenzione l'introduzione di capi provenienti da altri allevamenti: una semplice analisi del sangue (effettuata previo intervento del veterinario) fornisce il quadro della situazione. Se, al contrario, la malattia è presente in allevamento, bisogna imparare a convivercі, cercando di allevare un gregge giovane e attuando tecniche di svezzamento mirate al contenimento dell'infezione.

BLOCCO RUMINALE

DESCRIZIONE. È una problematica sanitaria che si presenta con una certa frequenza; non è causata da un agente eziologico e quindi non è una patologia contagiosa. Il più delle volte insorge per l'eccessiva ingestione di alimenti concentrati. La causa più frequente è l'accesso degli animali al deposito di mangimi o il passaggio brutale dall'alimentazione secca a quella verde o viceversa. Talvolta il blocco può essere la conseguenza del decubito prolungato per patologie che lo costringono a terra.

SINTOMI. Il primo è l'inappetenza: l'animale non si avvicina alla mangiatoia, ma si corica facendo fatica ad alzarsi e porta la testa verso il fianco sinistro.
Altre volte rimane fermo con lo sguardo fisso nel vuoto anche se sollecitato a muoversi. Il rumine, collocato all'altezza del fianco sinistro dell'animale, dietro il costato, potrebbe mostrarsi aumentato in volume a causa del gas che mano a mano si viene a formare.
Appoggiando l'orecchio o la mano sulla fossa del fianco sinistro (o un fonendoscopio), si constata una riduzione della frequenza o un'assenza dei movimenti ruminali.
Si tenga presente che in situazioni fisiologiche si percepisce, all'incirca ogni minuto, un gorgoglio simile a uno scroscio di acqua, accompagnato da un movimento di rigonfiamento con ritorno in sede della parete ruminale.

PREVENZIONE. Occorre evitare che gli animali abbiano accesso al magazzino dove vengono conservati i cereali. Inoltre nel periodo in cui si reintroducono le uscite al pascolo, le capre vanno abituate gradualmente all'alimentazione verde e in ogni caso va loro somministrato del fieno prima che abbiano accesso all'esterno.

CURA. Nel caso di sospetto blocco ruminale occorre isolare l'animale e telefonare tempestivamente al veterinario.
Questi, molto probabilmente, consiglierà la somministrazione di prodotti specifici (ruminativi) per via orale. In mancanza di questi, una miscela tiepida di acqua (200 ml), caffè (100 ml), vino rosso (200 ml), con l'aggiunta di 10 grammi di lievito di birra, stimola la motilità del rumine portando spesso alla ripresa dell'animale.
È utile anche reidratare la capra ogni 2-3 ore con una bevanda tiepida di tè di fieno: si prepara lasciando in infusione per una decina di minuti una manciata di fieno in una pentola di acqua bollente. L'assunzione di liquidi, infatti, permette al cibo eventualmente presente nel rumine di inumidirsi e riprendere la corretta fermentazione che porta alla sua digestione. Dopo queste prime cure, è consigliabile comunque ricorrere sempre all'intervento del veterinario, che saprà orientare verso la risoluzione di un problema che, se sottovalutato, potrebbe portare a gravi conseguenze.

CLOSTRIDIOSI

DESCRIZIONE. Si tratta di una pericolosa malattia causata da batteri (clostridi) che si trovano nel terreno o che albergano normalmente nell'intestino degli animali sani. In particolari condizioni questi batteri si moltiplicano velocemente, determinando la produzione di tossine e, di conseguenza, fenomeni anche molto gravi in parecchi animali contemporaneamente.

SINTOMI. La presenza della malattia viene rivelata da alcuni sintomi che possono interessare sia i soggetti adulti che i giovani capretti: si notano a volte un rapido deperimento e persino la morte improvvisa di soggetti ancora in buono stato fisico.
Gli animali più esposti sono frequentemente i più belli e dominanti del gruppo. La causa scatenante è spesso alimentare e i soggetti che mostrano maggiore voracità sono i primi a manifestarne i sintomi: cambi bruschi di razione, scorpacciate di cereali, alimentazione eccessivamente proteica sono alla base di questa malattia.

PREVENZIONE. Questa patologia è dovuta principalmente a errori alimentari, di cui il batterio responsabile approfitta per iniziare a moltiplicarsi.
Per prima cosa, quindi, è fondamentale attenersi a tutte le regole date per l'alimentazione del gregge, senza dimenticare le corrette pratiche di igiene e di gestione dell'allevamento. L'intervento di profilassi vaccinale, da concordare con il veterinario, va intrapreso solo dopo aver accertato la causa che scatena la patologia e messo in atto correttamente le tecniche gestionali descritte.

CURA. In fase acuta, appena si manifestano i primi segni di dolore addominale e l'animale inizia a coricarsi, in attesa dell'arrivo del veterinario, si può somministrare una bevanda tiepida preparata con lievito di birra (10 grammi circa), stando particolarmente attenti che il liquido non vada di traverso.

ECTIMA

DESCRIZIONE. Si tratta di una malattia contagiosa che colpisce anche le pecore. Si trasmette inoltre all'uomo nel quale si manifesta con la comparsa di lesioni pustolose cutanee, solitamente sulle mani o sulle braccia.
Colpisce prevalentemente i capretti e si diffonde nel gregge per contatto diretto tra gli animali.
Ha una diffusione elevatissima, anche se non è considerata particolarmente grave. Può infatti regredire spontaneamente nel giro di 2-3 settimane.
Le perdite di animali si verificano soprattutto tra i capretti che, quando vengono colpiti in maniera importante alla bocca, per alcuni giorni faticano a poppare con conseguenti danni metabolici. Spesso la malattia si manifesta in seguito alla contaminazione al pascolo da parte di animali selvatici o per l'introduzione in azienda di un animale infetto.

SINTOMI. Nei giovani animali provoca la comparsa di croste e lesioni papulose alle labbra e alla mucosa della bocca (*vedi* foto sopra).
Negli animali adulti le lesioni si possono individuare più facilmente osservando i capezzoli o, in alternativa, gli spazi interdigitali del piede.

PREVENZIONE. L'igiene è fondamentale per prevenire ed eliminare il virus, che può resistere a lungo nell'ambiente, ma può essere inattivato con l'uso di latte di calce da distribuire su pareti e strutture con l'ausilio di una pompa a spalla.

CURA. Per accelerare il processo di guarigione, dopo essersi protetti le mani con guanti monouso, si applica una pomata con glicerina e tintura di iodio al 5% (reperibile in farmacia). Se i capretti non riuscissero ad alimentarsi, occorre provvedere all'allattamento manuale mungendo la madre e somministrando subito il latte con un biberon o, nei casi più gravi, con una siringa priva di ago.
Una visita del veterinario aziendale è sempre consigliabile per una conferma della diagnosi e altri consigli per la gestione della malattia.

MASTITE

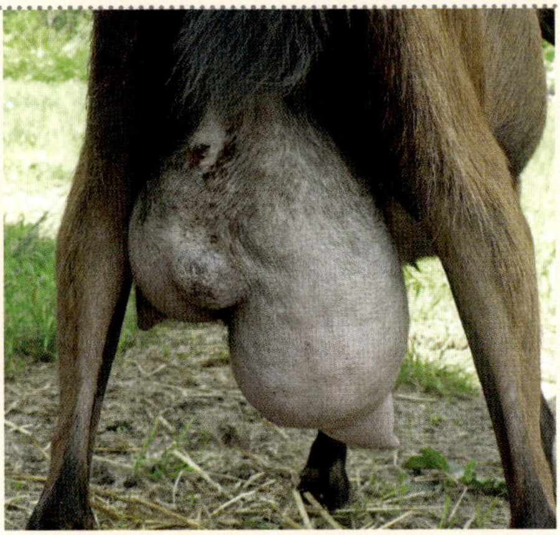

DESCRIZIONE. Con questo termine si intende l'infiammazione della mammella; è una delle malattie più temute dall'allevatore perché può invalidare in modo definitivo l'apparato mammario e nel peggiore dei casi può portare alla morte dell'animale. L'agente responsabile della patologia è spesso un batterio, ma le cause che portano il patogeno a far in modo che la malattia possa manifestarsi sono quasi sempre di ordine gestionale.

SINTOMI. La malattia può manifestarsi in forma acuta (improvvisa) o cronica (in lenta progressione). Il malessere può estendersi a tutto l'organismo, con abbattimento generale e febbre. Se le capre sono in lattazione, è più facile accorgersi di un primo sintomo: l'alterazione del colore e della fluidità del latte. Se l'animale ha invece partorito da pochi giorni ed è con il suo capretto, un segnale che deve fare insospettire è l'allontanamento del piccolo da parte della madre quando prova a poppare. La mastite, infatti, è spesso dolorosa e per questo le capre non fanno avvicinare i capretti alle mammelle. Altri sintomi che si possono evidenziare, anche successivamente, sono la variazione di temperatura della mammella (è molto grave se dovesse diventare fredda) e del suo volume anche in modo considerevole. Si può notare spesso anche un arrossamento della cute e un suo indurimento alla palpazione.

PREVENZIONE. Attuare corrette prassi di mungitura e fare in modo che subito dopo gli animali non si corichino a terra, somministrando loro alimenti appetibili.
Allevare gli animali in ambienti puliti e ben impagliati, non sottoporli a stress causati da cambiamenti gestionali improvvisi che indeboliscono il sistema immunitario.
Sono alcuni esempi che si possono suggerire per la prevenzione delle mastiti e delle patologie in genere, ma i consigli presenti in tutto il volume aiutano a mirare al processo di salutogenesi dell'animale.

CURA. Se ci si accorge in tempo dei primi sintomi, occorre mungere la capra a mano anche 4-5 volte al giorno (mungendola sempre per ultima), somministrando al contempo con una bottiglia a collo lungo mezzo litro di acqua tiepida ogni 2 ore e lasciando a disposizione della capra solo fieno. Degli impacchi con aceto e argilla possono essere utili per disinfiammare localmente la mammella. Se trascorse 24 ore la situazione non migliora, è indispensabile contattare il veterinario.

PARASSITOSI

Il problema delle parassitosi è certamente quello che più di frequente può verificarsi in un allevamento anche di tipo hobbistico. Le parassitosi si classificano in **endoparassitosi**, se il parassita vive all'interno del corpo dell'animale, e in **ectoparassitosi**, quando vive sulla superficie esterna del corpo dell'animale, della capra nel nostro caso.

Endoparassitosi

DESCRIZIONE. A seconda del tipo di parassita, le endoparassitosi possono riguardare vari organi, apparati o tessuti (fegato, intestino, polmoni, sangue ecc.) e hanno cicli di riproduzione diversi tra loro. Tra gli endoparassiti che possono colpire le pecore ricordiamo gli strongili, le tenie, le distomatosi epatiche.

SINTOMI. Sono quasi sempre riconducibili, in fase iniziale, a un calo delle produzioni e al dimagrimento degli animali. A questi primi sintomi può fare poi seguito la comparsa di diarrea o colpi di tosse, in caso di animali particolarmente deboli, con anemia evidente delle mucose. Si possono addirittura verificare casi di mortalità nell'eventualità che l'infestazione sia massiccia e prolungata nel tempo.

PREVENZIONE. Una prima regola è non sovraccaricare il terreno con un numero di animali elevato. Meglio non superare i 13 animali per ettaro, parcellizzando la superficie a disposizione. Un altro buon sistema è effettuare la turnazione delle superfici.
Anche se di difficile attuazione, è molto importante non far permanere le pecore su una superficie per più di tre settimane ed evitare di farle tornare sulla stessa area per almeno due mesi. In questo modo i parassiti non riescono a completare il loro ciclo riproduttivo, che spesso prevede un'interazione tra animale e ambiente.

CURA. Il trattamento antiparassitario va effettuato solo se gli animali sono realmente attaccati dal parassita e in maniera importante. Prima di un eventuale trattamento occorre quindi effettuare un'analisi delle feci (prelevandole direttamente dal retto) di almeno un 10% degli animali. I campioni prelevati vanno inviati in giornata a un laboratorio di analisi per un esame quali-quantitativo.
Il consiglio del veterinario, che ha una visione più ampia sul territorio, è sicuramente utile per interpretare al meglio l'esito degli esami e scegliere le opportune strategie.

Ectoparassitosi

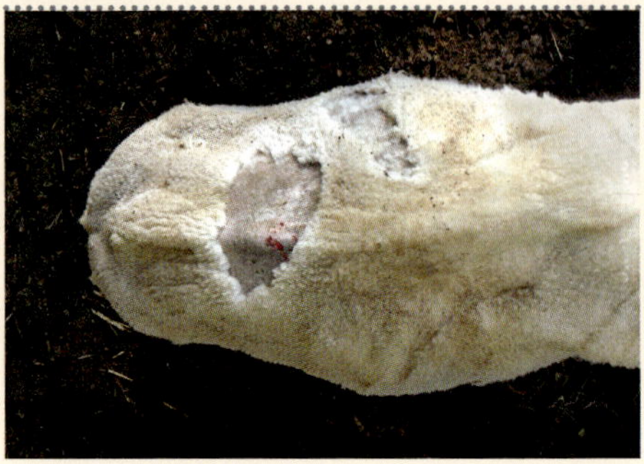

DESCRIZIONE. Sono causate da acari, pulci, zecche o ditteri (mosche). Gli acari, in particolare, sono la causa di un complesso di malattie a carico della cute denominate rogne (tra le più comuni vi è la **rogna psoroptica** – illustrata *dalla foto*).

SINTOMI. Sono rappresentati da perdita di pelo, arrossamenti cutanei e prurito (l'animale si gratta contro piante o superfici dure fino a crearsi vere e proprie abrasioni superficiali). Negli stadi più avanzati della malattia l'animale perde peso, si mostra agitato e sulla superficie della cute compaiono croste prevalentemente a carico del dorso e della groppa.

PREVENZIONE. La prima e unica regola è prestare molta attenzione a non introdurre nel gregge animali che già evidenzino sintomi da ectoparassitosi.

CURA. Il trattamento prevede spugnature, bagni o l'applicazione sulla cute di prodotti antiparassitari, anche se spesso una soluzione con zolfo al 20% (200 grammi di zolfo in 1 litro di acqua) risulta più efficace di altri trattamenti chimici. Meglio in ogni caso contattare il veterinario dell'azienda agricola per avere una certezza sulla diagnosi, che va effettuata per escludere la presenza di un'altra patologia (scrapie) che può avere conseguenze ben più gravi sugli animali.

ALTRE PUBBLICAZIONI
SULL'ALLEVAMENTO FAMILIARE

A. Pistoia

Apicoltura tecnica e pratica

€ 32,00 - pp. 384
Cod. 352-1

Tecniche di allevamento • I prodotti dell'alveare • La difesa dell'alveare • Il commercio dei prodotti

C. Papeschi

L'allevamento familiare di coniglio e lepre

€ 10,90 - pp. 128
Cod. 335-4

Le caratteristiche • L'alimentazione • La riproduzione • L'organizzazione e la gestione degli allevamenti • Le cure • Le malattie

M. Volanti

La pecora

Come realizzare un allevamento familiare e ottenere un piccolo reddito

€ 10,90 - pp. 104
Cod. 348-4

Scegliere e acquistare gli animali • Gestire un gregge da 10 o da 30 pecore • Trasformare il latte in formaggio

M. Arduin

Un piccolo pollaio

I consigli per realizzarlo e per allevare galline ovaiole

€ 11,90 - pp. 128
Cod. 376-7

Scegliere la razza • Costruire il pollaio e gestirlo tenendo conto del benessere delle galline • Le basi di partenza per creare un allevamento • Alimentazione, igiene e prevenzione